Praxis und Kultur

Herausgegeben von Andreas Schmidt

ISSN 2192-3523

Band 2

Johannes Steffen

Wie Manager gemacht werden

Eine empirische Untersuchung an einer Business School

Cuvillier Verlag Göttingen

Bibliografische Information der Deutschen Nationalbibliothek
Die Deutsche Nationalbibliothek verzeichnet diese Publikation in der Deutschen Nationalbibliografie; detaillierte bibliografische Daten sind im Internet über http://dnb.d-nb.de abrufbar.
1. Aufl. - Göttingen : Cuvillier, 2012

978-3-95404-068-1

Titelbild: Johannes Steffen (Bearbeitung: Andreas Schmidt)

Nonnenstieg 8, 37075 Göttingen
Telefon: 0551-54724-0
Telefax: 0551-54724-21
www.cuvillier.de

1. Auflage, 2012
Gedruckt auf säurefreiem Papier

978-3-95404-068-1

Für Gerdi

Inhaltsverzeichnis

1 Einleitung 3
2 Die Institution Business School 5
  2.1 Die Geschichte der Business School 5
  2.2 Ausbildungsangebote an der Business School 21
3 Forschungskonzeption 33
  3.1 Feldforschung in der Ökonomie 33
  3.2 Theoretische Fundierung 36
4 Innenansichten einer Institution 47
  4.1 Vorstellungen, Motivationen und Ausformungen des Berufsziels Managementposition 47
  4.2 Ehrgeiz und Engagement als praktisches Handeln 54
  4.3 Konkurrenz und Kooperation: Verhalten im Netzwerk 65
  4.4 Kulturelle Kompetenz und die Inszenierung des Globalen 68
  4.5 Unterrichtsinhalte. Wege zum souveränen Handeln in Managementpositionen 73
  4.6 Umgebungsqualitäten 92
5 Dynamisierung des Dispositivs *Managementausbildung* 99
  5.1 Komplexitätsreduktion als kulturelle Strategie 99
  5.2 Individuelle Integrationen und Modifikationen der managerialen Praxis durch die Studierenden 111
  5.3 Versprechen und Wirkung 118
6 Ero-epische Gespräche 125
7 Literaturverzeichnis 127
8 Internetquellen 137

1 Einleitung

Mit der im Herbst 2008 in den USA ausgelösten Subprimekrise, welche sich durch die weltweite Verflechtung der Banken schnell zu einer Finanz- und Weltwirtschaftskrise ausweitete und in zahlreichen Ländern für teils dramatische wirtschaftliche und soziale Problemlagen sorgte, rückten vor allem die Manager der Banken in den Mittelpunkt des öffentlichen Interesses. Die Sorgen vor persönlichen Folgen der Krise, wie dem Verlust der Ersparnisse oder gar des Arbeitsplatzes, wurden von den Betroffenen häufig direkt mit den Akteuren des Managements verknüpft. Die medial verbreiteten Bilder des erfolgreichen Managers, welcher, bedingt durch seine außergewöhnliche Verantwortung und seine Fähigkeiten, eine Führungsposition innehat und entsprechend entlohnt wird, wurden vom Bild des gierigen Bankmanagers überlagert. Ob nun in die eine oder in die andere Richtung geurteilt wird, es scheint so, dass der Beruf des Managers besonders anfällig für Zuschreibungen, Überzeichnungen und Verklärungen ist.
Diese Ethnografie widmet sich dem Anwendungspotenzial der Ausbildung, unter der Vorraussetzung, dass die Managementausbildung letztlich den Zweck verfolgt, die Fähigkeit zu managerialem Handeln zu etablieren. In dieser Ethnografie wird die Ausbildung von künftigen Führungskräften im Finanzwesen thematisiert. Zu diesem Zweck wurde in einer dreiwöchigen Feldforschung an einer renommierten Business School[1] im deutschsprachigen Raum der Unterricht teilnehmend beobachtet. Ergänzend wurde eine Reihe von Gesprächen mit Dozenten und Studierenden geführt. Das Ziel dieser Studie ist es

[1] In der Folge wird die untersuchte Business School durch Großschreibung gekennzeichnet und anonymisiert.

aufzuzeigen, wie aus normalen Studenten[2] durch die didaktischen Mittel, die Lehrinhalte, die innerschulische Kommunikation, die wirtschaftswissenschaftlichen Diskurse und die Zusammenarbeit mit Banken und Wirtschaftsunternehmen Manager erzeugt werden.

2 Im Folgenden wird aufgrund der Übersichtlichkeit auf eine geschlechtsdifferenzierende Darstellung verzichtet. Wenn die männliche Form benutzt wird, ist die weibliche Form mitgedacht. Nur bei genderspezifischen Argumentationen werden die geschlechtsspezifischen Ausdrucksformen gewählt.

2 Die Institution Business School

Business Schools sind private, gewinnorientierte Bildungseinrichtungen, die in einem intensiven Studium, bestehend aus Theorie- und Praxiselementen, Führungskräfte für Banken, multinationale Großkonzerne, Unternehmensberatungen und andere Wirtschaftsunternehmen ausbilden. Diese Aufzählung von möglichen Tätigkeitsfeldern der Absolventen impliziert bereits, dass Business Schools über ihre Absolventen Einfluss auf die wirtschaftlichen und politischen Kontexte nehmen. Hartmann bemerkt in diesem Zusammenhang:

> »Die Betonung der Business Schools ist charakteristisch für Prognosen, die das Ende nationaler Wirtschaftseliten feststellen oder vorhersagen. Diese Schulen scheinen die Ausbildungsstätten der neuen transnationalen Wirtschaftselite zu sein« (Hartmann 2008: 148, ohne Hervorhebung).

Prognostische Einschätzungen dieser Art verweisen auf global stattfindende Wandlungsprozesse der Business Schools.

2.1 Geschichte der Business School

Die Ausbildung von Wirtschaftsfachleuten in Deutschland ist bis in die jüngere Vergangenheit vorrangig über Handelshochschulen, Fachhochschulen und Universitäten erfolgt. Im Zuge der Öffnung der Märkte Anfang der 1980er Jahre wurden neoliberale amerikanische Sichtweisen der Unternehmensführung auch in Europa wirkmächtig. Mit der Gründung von und der Umwandlung bestehender privater Ausbildungsstätten in Business Schools in den 1990er Jahren änderte sich die Managementausbildung. Diese Ausbildungseinrichtungen grenzten sich von den bestehenden Universitäten, Fachhochschulen und Handelshochschulen bewusst ab. Unterschiedliche strukturelle Entwicklungen in der amerikanischen und der deutschen Wirtschaft seit der Industrialisierung haben für die zunächst unterschiedliche

Entwicklung der Wirtschaftsausbildung eine zentrale Rolle gespielt. Eine vergleichende historische Perspektive auf die USA und Deutschland zeigt, wie sich die Führungskräfteausbildung im Zuge der gesamtwirtschaftlichen Kontexte auf je spezifische Weise entwickelte, bevor sie in den letzten dreißig Jahren zusammengeführt wurde.

Während bis zum 17. Jahrhundert Kenntnisse der wirtschaftlichen Abläufe alleine auf die Praxis ausgerichtet waren, entwickelte sich nach 1675 eine systematische Sicht auf die Wirtschaftsprozesse.

> »Die damalige Fachliteratur beschäftigt sich mit insbesondere mit dem Kaufmann als Unternehmer (Führung von Handelsbetrieben) und untersucht das System des Handels; dabei steht der Umsatzprozeß in Handelsbetrieben im Vordergrund« (Gaugler 1998: 18).

Die Marktorientierung, die sich im 17. und 18. Jahrhundert in Großbritannien und den Niederlanden durchsetzte, brachte maßgebliche Veränderungen in der europäischen Wirtschaft mit sich.

> »Über die Institutionalisierung von Zwischenhändlern, die Einrichtung permanenter handwerklicher Ladengeschäfte und schließlich von städtischen Fachgeschäften, die Etablierung von örtlichen ›Messen‹ und schließlich von ›Börsen‹ im weiteren Sinne, in denen Groß- und Fernhandel und schließlich auch Geldhandel betrieben wird, die Einrichtung von überregional und international tätigen, durch die Seeschiffahrt begünstigten Handelsunternehmen wird die Praxis der Subsistenzwirtschaft durch den geldvermittelten Tauschhandel einer ›commercial society‹ verdrängt« (Reckwitz 2006: 110f.).

Mit der Ausdehnung des Markt- und Fernhandels im ersten Drittel des 18. Jahrhunderts wandelten sich im deutschsprachigen Raum die Handelsbedingungen vom unmittelbaren Kundenkontakt hin zu zunehmend anonymen Märkten. Die Ausbildung der Kaufleute und Fabrikanten musste sich an diese veränderten Wirtschaftsbedingungen anpassen. Der sächsische Hof- und Kommerzienrat Paul Jacob Marperger (1656-1730) propagierte im Jahr 1715 die Notwendigkeit, die Kaufmannschaftslehre an Universitäten zu etablieren. Im Jahr 1723 veröffentlichte er einen ausformulierten Vorschlag zur Gründung einer »Kauffmanns-Academie«.

> »Der beschriebene Fächerkanon ist bereits recht detailliert und unter anderem sogar schon mit der empfohlenen Wochenstundenzahl versehen. Er umfaßt neben der eigentlichen Handlungswissenschaft, der Warenkunde und der Buchhaltung auch beispielsweise Fremdsprachen, Geographie und Mathematik« (Handelshochschule 2001: 11f.).

Der Versuch, diese Akademie 1728 in der Messestadt Leipzig zu gründen, scheiterte allerdings an fehlenden finanziellen Ressourcen (Handelshochschule 2001: 9). Die Ausbildung von Wirtschaftsfachleuten blieb im 18. Jahrhundert auf Handelsschulen beschränkt, welche in wirtschaftlich relevanten Räumen eingerichtet wurden.

> »Nur in wenigen Städten wurden spezielle neue Bildungseinrichtungen im Interesse des Handelsbürgertums geschaffen. In Ravensburg wurde beispielsweise 1792 auf Initiative der Stadtpfarrer eine Handelsschule gegründet, in der die Schüler in französischer und italienischer Sprache unterrichtet wurden. Ravensburg, als bedeutende Handelsstadt, hatte seinerzeit ihre weltlichen Handelsbeziehungen mit Italien und Frankreich« (Adamski 1976: 133f.).

Weiterhin gaben Carl Günther Ludovici und Johann Michael Leuchs im 18. Jahrhundert wichtige Impulse zur Entwicklung der Handelshochschulen. Letzterer verfolgte eine »systematische Einteilung der Handelswissenschaft« und lieferte damit das theoretische »Fundament der Betriebswirtschaftslehre und der Handelshochschulen« (Handelshochschule 2001: 13). Gegen Ende des 18. Jahrhunderts betonte Leuchs die Notwendigkeit von wirtschaftswissenschaftlichen Fakultäten und Prädikaten, um einen den Universitäten gleichwertigen wissenschaftlichen Abschluss zu gewährleisten. Zu dieser Zeit blühte das Real- und Fachschulwesen wieder auf (Zunkel 1998: 84).

»Die bürgerliche Subjektkultur, die sich [...] in Deutschland im Laufe des 18. Jahrhunderts vor allem in den Handels-, Residenz- und Universitätsstädten herausbildet, findet einen ersten und herausgehobenen Manifestationsort in den Praktiken des Arbeitens. [...] Bürgerliche Subjektivation bedeutet, seinen Körper und seine mentalen Dispositionen, seine Affekte und Werte so zu formen, dass eine ›professionelle‹ Partizipation an bestimmten Arbeitspraktiken geleistet werden kann« (Reckwitz 2006: 109).

Neben dem akademischen Bildungsbürgertum mit seinen berufsspezifischen Tätigkeiten zählten »kaufmännische, im engeren Sinne ›ökonomische‹ Tätigkeiten eines Wirtschafts- und Handelsbürgertums« zur bürgerlichen Subjektkultur (Reckwitz 2006: 109). Im 19. Jahrhundert wurde die Idee, die Ausbildung von Wirtschaftsfachleuten an Hochschulen zu etablieren, nicht weiter verfolgt.

Als Gründe für den Niedergang dieser Idee werden genannt, »daß Industrie und Technikeinsatz in der Wirtschaft immer mehr über den Handel dominieren, daß für die wirtschaftliche Entwicklung Ingenieure wichtiger als Kaufleute werden, sowie der Umstand, daß die kaufmännischen Schulen das nötige Wissen und Können in Buchführung und Korrespondenz weithin abdecken« (Gaugler 1998: 18).

In der Mitte des 19. Jahrhunderts setzte eine entscheidende Veränderung in der Unternehmensführung ein. Zum einen erhöhten die technischen und ökonomischen Entwicklungen die Anforderungen an das »unternehmerische Leistungswissen«, woraus eine Annäherung des Unternehmertums an das Bildungsbürgertum folgte (Zunkel 1992: 83), zum anderen änderte sich die Handlungsmacht in den Unternehmen durch

»die sich zuerst in der Grundstoffindustrie durchsetzende Trennung von Kapitalbesitz und Unternehmensführung. Damit übernahmen hier angestellte Direktoren und Manager die Führungsfunktionen, für die sie durch eine besondere Qualifikation, d. h. durch ein Universitätsstudium

> oder durch die Absolvierung einer gewerblichen Hochschule, ihre Eignung nachweisen mußten« (Zunkel 1992: 88).

Einheitliche Bildungsstandards für die Ausbildung von Wirtschaftsfachleuten waren bis zum Ende des 19. Jahrhunderts nicht verbreitet. Eine Begründung stellt sicher der noch manifeste Gegensatz zwischen dem neuhumanistischen Bildungsideal in der Nachfolge Humboldts und dem vom Wirtschaftsbürger vertretenen materialistischen Bildungsprinzip, das seine Grundlage im Realienunterricht der Aufklärung hatte, dar. Die Unternehmer sahen sich als Männer der Praxis und des zweckrationalen Denkens. Ihnen blieben als Ausbildungsstätten die höheren Bürger- und Rektoratsschulen und die Realschulen, deren Lehrangebote neben modernen Sprachen vor allem Mathematik und Naturwissenschaften umfassten (Zunkel 1998: 85f.). Diese Differenz führte dazu, dass sich die Hochschulausbildung bei den Unternehmern erst nach und nach verbreitete. Noch 1879 klagte der rheinische Politiker Gustav von Mevissen über den Mangel an akademischer Ausbildung bei den Wirtschaftsfachleuten, weil allgemein befürchtet wurde

> »daß der auf unseren Universitäten herrschende Geist ungebundener akademischer Freiheit, die einseitige, fast ausschließlich auf die Entwicklung des Erkennens, ohne Rücksicht auf die praktische Anwendung der erlangten Erkenntnisse, zielende Richtung unserer Universitätsstudien mit den Grundsätzen und Anschauungen, wie sie in den kaufmännischen Kreisen herrschen, nicht im Einklange, in manchen Beziehungen selbst in vollster Dissonanz stehen« (Mevissen 1906: 627).

Die wenigen kaufmännischen Fach- und Fortbildungsschulen, welche aus privater Initiative entstanden waren, legten einen deutlichen Schwerpunkt auf die theoretische Ausbildung, wenn auch in weitaus geringerem Umfang als die technischen Fach- und Hochschulen (Adelmann 1979: 14).

Ende des 19. Jahrhunderts wurden im deutschsprachigen Raum erste akademische Ausbildungseinrichtungen für Wirtschaftsfachleute gegründet. 1898 nahmen die Handelshochschule Leipzig, die Handelsakademie St. Gallen und die k. k. Exportakademie Wien den Ausbildungsbetrieb auf. Weitere Gründungen schlossen sich zu Beginn des 20. Jahrhunderts an. Die Kölner Handelshochschule wurde 1901 durch eine Stiftung etabliert, sechs Jahre später folgte die Handelshochschule Mannheim (Kirchgässner 2011: 4).

> »Aus den frühen Publikationen der ersten Generation der Fachvertreter der BWL kann man folgern, daß schon vor dem Ersten Weltkrieg (etwa ab 1903-1906) BWL-Fächer das Curriculum der Handelshochschulen zunehmend prägen. Diese Veröffentlichungen als Monographien und in den ersten betriebswirtschaftlichen Zeitschriften beschäftigen sich mit der Handelsbetriebslehre als Einzelwirtschaftslehre, mit der Selbstkostenrechnung, mit der Exporttechnik, mit dem Fabrikbetrieb und mit Banken« (Gaugler 1998: 20).

Die universitäre Forschung spielte an den Handelshochschulen eine untergeordnete Rolle, da die Gründungen von Handelshochschulen vor allem durch die Unterstützung einzelner Unternehmen, der Industrie- und Handelskammern und der Kommunen ermöglicht wurden, mit dem Ziel, Fachleute für ihre Unternehmen ausbilden zu lassen. Sie forderten deshalb eine hohe Praxisorientierung der Ausbildung ein (Gaugler 1998: 6f.).

> »Der Schwerpunkt lag bei diesen Gründungen eindeutig auf der Betriebswirtschaftslehre; Volkswirtschaftslehre wurde schon zuvor und nach diesen Gründungen zunächst auch weiterhin vorwiegend an den (traditionellen) Universitäten unterrichtet. Es ist daher nicht überraschend, dass sich diese Entwicklung in eigenständigen Institutionen und nicht in den etablierten Universitäten vollzog; man wollte zumindest teilweise auch gar keine Universität sein. Zwar wurden in dieser Zeit auch an den Universitäten erste Lehrstühle für Betriebswirtschaftslehre eingerichtet, aber sie spielten keine wesentliche Rolle; an den Universitä-

ten dominierte bis nach dem 2. Weltkrieg im Bereich der Wirtschaftswissenschaften eindeutig die Volkswirtschaftslehre« (Kirchgässner 2011: 4f.).

Das Lehrangebot an den Handelshochschulen zielte vor allem auf die Ausbildung von Kaufleuten ab. Forschungs- und Weiterbildungsinteressen lassen sich in den ersten beiden Jahrzehnten des 20. Jahrhunderts kaum nachweisen (Gaugler 1998: 7).
Indem gegen Ende des ersten Drittels des 20. Jahrhunderts den Handelshochschulen universitäre Rechte (Promotionsrecht und Habilitationsrecht) zugesprochen wurden, waren sie auch akademisch gleichgestellt. Damit wurde schrittweise auch die theoretische Forschung gestärkt. Die Diskussionen, ob diese Schulen tatsächlich diesen Status innehaben sollten, wurde offensichtlich lebhaft geführt. Im Vorwort des Lehrbuchs »Die Handelshochschule«, das um 1929 erschien, heißt es:

> »Diese Entwicklung der Handelshochschulen hat ihre Anerkennung in mehrfacher Hinsicht gefunden. Gab es auch in den ersten Zeiten ihres Bestehens viele Kritiker, nicht zum geringsten in den Kreisen der Wissenschafter selbst, so hat die 1924 abgeschlossene Studienreform doch die volle Anerkennung des Handelshochschulstudiums gebracht, indem man die Studienzeit auf das durch die Entwicklung der Wissenschaft notwendige Mindestmaß von sechs Semestern für das kaufmännische Diplom und für den wirtschaftswissenschaftlichen Doktor auf acht Semester heraufsetzte. Als die Absolventen der Handelshochschulen kurz vor dem Kriege begannen, sich als Diplomkaufleute zu bezeichnen, spöttelten darüber die Witzblätter« (Schmidt o. J.: 19).

Der Unterricht an den Handelshochschulen basierte auf der Verbindung betriebswirtschaftlicher Theorie und Praxis, da diese für den beruflichen Erfolg als notwendig erachtet wurde:

> »Wer neben gründlicher praktischer Ausbildung die allgemeinen Grundsätze der Preis- und Wertbildung kennt, wird die Auswirkung eines neu-

en Marktfaktors, die Veränderungen auf der Kosten- oder Nachfrageseite viel schneller beurteilen können, als der reine Praktiker. Wer als junger Mensch vor der Aufgabe steht, sich in einen Wirtschaftszweig einzuarbeiten, wird dies viel schneller erreichen, wenn er über allgemeine Kenntnisse aus der Wirtschaftswissenschaft verfügt. So wertvoll eine gründliche kaufmännische Lehre auch sein kann, immer wird sie doch bestenfalls nur in die Wirtschaft einer Branche einführen und oft nicht einmal darin Vollständigkeit erreichen« (Schmidt o. J.: 15).

Eine Auflistung der Wahlpflichtfächer eines Diplomkaufmanns zeigt, dass schon die Handelshochschulen eine möglichst umfassende wirtschaftlich-praktische Ausbildung anstrebten. Neben den Kernfächern »Allgemeine Betriebswirtschaftslehre« und »Besondere Betriebswirtschaftslehre«, »Volkswirtschaftslehre« und »Wirtschaftsrecht« wurden folgende Wahlpflichtfächer zugelassen:

»Oeffentliches Recht, Geographie mit besonderer Berücksichtigung der Wirtschaftsgeographie, Chemie und Physik mit ihren wirtschaftlichen Anwendungsgebieten, insbesondere der chemischen und physikalischen Technologie, Versicherungslehre, Finanzwissenschaft und Steuerwesen, Genossenschaftslehre, Statistik, fremde Sprachen« (Schmidt o. J.: 21).

Gaugler benennt für die betriebswirtschaftliche Forschung des Zeitraums von 1910 bis 1932 folgende Themenfelder: die Weiterentwicklung des betrieblichen Rechnungswesens mit den Teilgebieten Kontenrahmen, Erfolgsrechnung und Bilanz, Kostenrechnung, Betriebsvergleich und Betriebsstatistik, ferner die Kostentheorie, zudem die Kapital- und Substanzerhaltung mit besonderem Fokus auf der Problematik der Scheingewinne, die Unternehmensfinanzierung sowie die Unternehmensorganisation größerer Unternehmen und die Handelsforschung (Gaugler 1998: 22).
Während der Zeit des deutschen Faschismus veränderten sich die Inhalte der Betriebswirtschaftslehre zugunsten ihrer politischen Verwendbarkeit. Bei der Vorbereitung und Umsetzung der »Wehr- und

Kriegswirtschaft« wurde der Kostenrechnung eine zentrale Bedeutung beigemessen.

> »Die kapitalbezogenen Komponenten der BWL (Finanzierung, Kapitalrentabilität) verlieren in der Wirtschaftspraxis und begrenzt auch in der BWL an Bedeutung; der Nationalsozialismus richtet sich gegen eine ›kapitalistische‹ Orientierung der BWL« (Gaugler 1998: 23).

Ab den 1950er Jahren wandelte sich die Betriebswirtschaftslehre immer stärker zur Managementlehre. In diesem Zusammenhang entstanden spezialisierte Bereiche, zu denen die Bankbetriebslehre/Finanzierung, die Betriebswirtschaftliche Steuerlehre, Internationales Management, Logistik, Personalwesen, Rechnungswesen, Wirtschaftsinformatik, Wissenschaftstheorie und ab den 1970er Jahren zunehmend auch das Marketing gehörten (Gaugler 1998: 26f.). Die Gesamtzahlen der Studierenden der Betriebswirtschaftslehre stiegen in Deutschland im Verlauf des 20. Jahrhunderts stark an. 1910 studierten 1688 Personen BWL, 1938 waren es 3297. Im Wintersemester 1951/52 belegten 7066 Studierende das Fach, Mitte der 1970er Jahre waren es bereits knapp 27000. In den folgenden Jahren stieg die Anzahl der Studierenden exorbitant: Mitte der 1980er Jahre waren es 79711 Studierende. Anfang der 1990er Jahre lag die Zahl bereits bei 109000 Studierende und Mitte der 1990er bei über 128000 Studierenden. Mitte der 1990er Jahre betrug der Prozentsatz der weiblichen Studierenden 35,2 Prozent (Gaugler 1998: 14).

Die Ausbildung von Wirtschaftsfachleuten in den USA war von Beginn an privat organisiert. Holländische Siedler eröffneten in den 1660er Jahren Abendschulen für Erwachsene. Ungefähr bis ins Jahr 1820 deckten vor allem »freie (Wander-)Lehrer«, kleine Schulen und Buchverlage für Lehr- und Fachbücher die Ausbildung für wirtschaftliche Berufsfelder ab (Althaus 2009: 116). Die Ausbildung von Wirtschaftsfachleuten in den amerikanischen Kolonien reagierte hiermit vorrangig auf den Bedarf an Schreibern und Buchhaltern.

> »In den Hafen- und Handelsstädten der Kolonien stieg rasch der Bedarf an kaufmännischer Ausbildung, vor allem in Buchhaltung, Finanzmathematik, Wirtschaftsrecht und schlichter Schreibkunst. Es ist historisch belegt, dass die ersten Wirtschaftslehrgänge im frühen 18. Jahrhundert angeboten wurden, von Boston im Norden bis zu Charleston im Süden. In der Pionierzeit bis zur Mitte des 19. Jahrhunderts verfestigte sich dies« (Althaus 2009: 117).

Im ersten Drittel des 19. Jahrhunderts entstanden betriebswirtschaftliche Studiengänge an privaten Hochschulen. Diese Studiengänge existieren bis heute und haben maßgeblich das Bild der nordamerikanischen Wirtschaftsausbildung geprägt.

> »Sie sind sicher nicht durchgängig als Hochschulen anzusehen, aber zwischen berufsbildender Handelsschule und akademischer Handelshochschule anzusiedeln — die Übergänge waren im 19. Jahrhundert natürlich fließend, und eine staatlich geregelte Anerkennung von Hochschulen oder akademische Akkreditierung war unbekannt« (Althaus 2009: 117).

Als erste Wirtschaftshochschule wird heute das Bartlett's Commercial College genannt, dass 1838 in Cincinnati gegründet worden war. 1840 wurde das Duff's Business Institute, das heute noch unter dem Namen Everest Institute als Einrichtung im Bildungskonzern Corinthian Colleges fortbesteht, eingerichtet (Althaus 2009: 117). Ab 1880 wurden in zahlreichen Städten der USA Business Schools als wirtschaftspraktisch ausgerichtete Bildungseinrichtungen gegründet. 1881 nahm die Wharton School of Finance and Economy an der University of Pennsylvania ihren Betrieb auf. Sie selbst bezeichnet sich als die erste moderne Business School der USA.

> »In 1881, American entrepreneur and industrialist Joseph Wharton had the most radical idea in the history of business: the establishment of the world's first collegiate school of business at the University of Pennsylvania. No other single idea – and no single institution – has had such a

dramatic, transformational effect on the way business is conducted in the global market. It all started right here. First.«[3]

Die ab 1880 gegründeten Business Schools werden als Reaktion auf den gestiegenen Bedarf an Wirtschaftsfachleuten in der Hochphase der Industrialisierung interpretiert.

> »Die Eisenbahngesellschaften [...] waren Unternehmen — die ersten in Amerika überhaupt —, die aufgrund ihrer Größe und Komplexität gezwungen waren, neue Wege bei der Organisation ihrer Verwaltung zu gehen. Die neuen Großunternehmen benötigten eine tiefe Spezialisierung, die ihrerseits steile hierarchische Strukturen erforderte, und sie mussten in geeigneter Form mit ihrer kontinentalen Ausdehnung umgehen« (Plinke 2007: 22).

Die veränderten Strukturen schufen den Bedarf an umfassend ausgebildeten Fachkräften (Rechtsanwälte, Ingenieure, Buchhalter, Ökonomen). Leighton[4] formulierte 1895 dahingehend den Anspruch an die neuen Manager, dass sie zwischen den spezialisierten und hierarchisch organisierten Führungsebenen vermitteln können sollten (Leighton nach Plinke 2007: 23).
Die zentralen Kenntnisse des Managements sollten den betriebswissenschaftlichen Anforderungen der Unternehmen folgen, denn die hohe Komplexität der Arbeitsbereiche und die notwendige Größe der Unternehmen erzeugte einen hohen Investitionsbedarf. Um die Unternehmen auch betriebswirtschaftlich effizient zu führen, mussten deshalb wirtschaftswissenschaftlich ausgebildete Fachkräfte gewonnen werden.

---

3 http://www.wharton.upenn.edu/huntsmanhall/timeline/index.html (Stand 13.03.2012).

4 Leighton forderte im Harvard Graduate's Magazin 1895 die Anerkennung des Managements von Eisenbahngesellschaften als Wissenschaft durch die Harvard University.

> »Der Aufbau der neuen Eisenbahn- und Telegrafensysteme erforderte [...] einen neuen Typ von Unternehmen. Die riesigen Investitionen in die technischen Systeme erzwangen eine Finanzierung über den Kapitalmarkt und damit die endgültige Trennung von Eigentum und Leitung. Eigentümer wurden nunmehr die Aktionäre, viele an der Zahl, und sie waren in keiner Weise dazu geeignet (und auch nicht gewillt), Leistungsaufgaben in ›ihrem‹ Unternehmen zu übernehmen. [...] Damit wurde die Notwendigkeit evident, in die Ausbildung von Managern zu investieren« (Plinke 2007: 24).

Der Beruf des Managers zeichnete sich also dadurch aus, dass er für ein Unternehmen verantwortlich arbeitete, das nicht mehr dem Unternehmer gehörte, sondern vielen Aktionären. Die an Hochschulen ausgebildeten Manager waren dafür verantwortlich, durch fundierte unternehmerische Entscheidungen die betriebliche Existenz zu sichern und Gewinne zu generieren. Eine ausschließlich theoretische Auseinandersetzung mit wirtschaftlichen Fragestellungen schien hierfür zweitrangig. Die Bedeutung der Praxiskompetenz bestimmte in der Folge die Managementausbildung an den Business Schools. Die im Jahr 1908 gegründete Harvard Business School realisierte dies 1925 durch Case Studies, in denen Fälle aus dem Berufsalltag in praktischen Übungen simuliert wurden. Über die Bearbeitung von Fallbeispielen sollten Fähigkeiten zur Lösung konkreter Probleme des späteren Managementalltags besonders wirkungsvoll eingeübt werden. Auch heutzutage nehmen Case Studies nach dem Vorbild der Harvard Business School eine zentrale Rolle in der Business Ausbildung an Business Schools weltweit ein. Unternehmerische Entwicklungen außerhalb der Business Schools hatten somit dazu geführt, dass sich praxisorientierte Unterrichtsmethoden gegen theoretische Ansätze der Fachkräfteausbildung durchsetzen konnten.

Es ist jedoch nicht allein der Praxisbezug, der den Erfolg der Business Schools erklären kann, denn schließlich betonten schon die Handelshochschulen die Notwendigkeit einer Verzahnung von ökonomischer

Theorie und Praxis. Entscheidend für die Etablierung von Business Schools in Deutschland seit den 1990er Jahren war vielmehr eine grundsätzliche Veränderung der Managementleitlinien seit den 1980er Jahren. Amerikanische Entwicklungen spielten hierbei eine Schlüsselrolle.
Schon mit dem Aufkommen der Großunternehmen hatten Aktionäre in den USA eine vergleichsweise einflussreiche Position in den Unternehmen inne. Managemententscheidungen mussten deshalb auch immer auf die Gewinninteressen der Aktionäre Rücksicht nehmen. In Deutschland waren Unternehmen dagegen seltener börsennotiert als in den Vereinigten Staaten. Bis zu Beginn der 1980er Jahre verfolgte die Unternehmensführung hierzulande das Ziel, zum Wohl der Unternehmen zu handeln. Ab den 1980er Jahren konkurrierten der amerikanische und der deutsche Ansatz auf dem zunehmend globaler werdenden Markt. Der amerikanische Grundsatz, wonach die Interessen der Aktionäre im Zentrum des managerialen Handelns stehen, wurde zunehmend relevanter. Mit dem sog. *Shareholder Value* stellte der nordamerikanische Ökonom Alfred Rappaport 1986 die neuen Standards des Managements vor.

> »Business strategies should be judged by the economic returns they generate for shareholders, as measured by dividends plus the increase in the company's share price. As management considers alternative strategies, those expected to develop the greatest sustainable competitive advantage will be those that will also create the greatest value for shareholders. The ›shareholder value approach‹ estimates the economic value of an investment (e.g., the shares of a company, strategies, mergers and acquisitions, capital expenditures) by discounting forecasted cash flows by the cost of capital« (Rappaport 1986: 11f.).

Die Shareholder-Orientierung weist laut Rappaport eine verhältnismäßig gewichtige Position der Besitzer aus, sie umfasst eine erfolgsabhängige Bezahlung des Managements, welche an der für die Shareholder erwirtschaftete Rendite gekoppelt ist, sie ist sich ferner der Gefahr einer Übernahme des eigenen Unternehmens durch besser positionierte Konkurrenten oder Investoren bewusst und verlangt zuletzt einen kompetitiven, also unsicheren und wettbewerbsorientierten Arbeitsmarkt für Führungskräfte (Rappaport 1986: 7).

Karen Ho bringt den Shareholder Value mit einer Reihe von Phänomenen in Verbindung, welche in den 1980er und 1990er Jahren als Fusionen, Unternehmenskäufe oder Unternehmensverkäufe beobachtet werden konnten.[5] Dabei verschmelzen Unternehmen oder ein Unternehmen übernimmt einen schwächeren Mitbewerber. Diese Ereignisse seien unmittelbare Folgen der Fokussierung auf den Shareholder Value (Ho 2009: 129ff.).

Zu Beginn der 1980er Jahre wurden amerikanische Unternehmen massiv umstrukturiert, um ihre Effizienz zu steigern und einen höheren Kurs der Aktien an den Börsen zu erzielen. Rappaport nennt dies die erste Phase der Umstrukturierung nach den Maßstäben des Shareholder Value.

> »Hardly a day passes without some company announcing a major restructuring of its businesses or capital structure. Restructuring involves diverse activities such as divestiture of underperforming businesses or businesses that do not ›fit,‹ spinoffs directly to shareholders, acquisitions paid with ›excess cash,‹ stock repurchases, debt swaps, and liquidation of overfunded pension funds« (Rappaport 1986: 10).

In einer zweiten Phase, ab Mitte der 1980er Jahre, sollten nach Rappaport die Geschäftsabläufe umstrukturiert werden.

> »The necessary agenda for the second half of the 1980s seems clear. Companies need to move from Phase I restructuring to Phase II restructuring. In Phase II, the shareholder value-approach is employed not only when buying or selling businesses or changing the company's capital

5 Der englische Begriff für Fusionen und Übernahmen lautet Mergers and Acquisitions, kurz M&A (Rittershofer 2009: 638).

> structure, but also in the planning and performance monitoring of all business strategies on an ongoing basis« (Rappaport 1986: 11).

Die Prognose von Rappaport für die zweite Hälfte der 1980er Jahre ist, wenn man die spätere Studie von Ho heranzieht, umgesetzt worden: Der Shareholder Value wurde zur Signatur der nordamerikanischen Wirtschaft. Auch für die Ausbildung an den Business Schools wurde dieser Ansatz nun bedeutsam.

> »The two institutions of management and business school education, for example, have reciprocally defined the ultimate ends of the corporation and shaped the means through which management seeks to achieve them. They have given rise to the contemporary understanding that the purpose of management is to maximize shareholder value, thereby legitimating practices such as the liberal granting of stock options and a focus on share price as the measure of managerial and organizational achievement« (Khurana 2007: 5).

Auch in Deutschland hat sich durch die Relevanz des Shareholder-Ansatzes das amerikanische System der Business Schools neben der universitären Ausbildung von Wirtschaftsfachleuten behauptet.

Bis in die 1980er Jahre wurden in Deutschland nur einige wenige Business Schools gegründet. Dies änderte sich jedoch mit dem Beginn der 1990er Jahre. Aufgrund der Internationalisierung der Wirtschaft durch die Globalisierung der Märkte und der Orientierung der Unternehmensführung am amerikanischen Konzept des Shareholder Value wurde ein Studium der Betriebswirtschaftslehre an Universitäten, Fachhochschulen und besonders an Business Schools zusätzlich attraktiv. In einer ersten Gründungswelle nahmen bis 1995 zehn Business Schools den Unterrichtsbetrieb in Deutschland auf. Bis 2000 folgten sechs weitere Schulen. Eine zweite Welle von Neugründungen lässt sich im Zeitraum 2000 bis einschließlich 2005 mit 18 neuen Business Schools ausmachen. Bis zum Jahr 2010 folgten sieben weitere Neugründungen. Aufgrund der Finanzkrise von 2008 und der anhaltenden wirtschaftlichen Verunsicherung, scheint allerdings kaum ein weiterer Bedarf an zusätzlichen Business Schools zu bestehen. In Deutschland bieten heutzutage rund 50 private Hochschulen und Business Schools eine Wirtschaftsausbildung an. Die Studierendenzahlen an den jeweiligen Business Schools variieren von wenigen hundert bis etwa tausend Studierenden pro Business School.[6] Die im Vergleich zu staatlichen Hochschulen geringen Studierendenzahlen können als Indikator für die Exklusivität der Business Schools gelten, wodurch sie ihrem Ruf als Ausbildungsstätten für einen begrenzten Kreis von Führungskräften zu fungieren, zusätzliche Glaubwürdigkeit verleihen. Der tatsächliche Einfluss der Business Schools auf die Generierung von Führungskräften ist wegen ihres vergleichsweise kurzen Bestehens bislang nicht mit Sicherheit feststellbar. Zudem ist die Konkurrenz durch die etablierten Universitäten erheblich und sind Managementkarrieren auch ohne den Besuch einer Business School möglich. Bezogen auf die Top-Business Schools werden in der Literatur Zahlen von etwa eintausend Einrichtungen weltweit angegeben (Kuderer 2003: 9). Die tatsächliche Zahl an Ausbildungseinrichtungen, welche sich als Business School bezeichnen, ist nicht bekannt.

[6] Bei Business Schools, die Fernunterricht anbieten, kann die Zahl von 1000 Studierenden auch deutlich überschritten werden.

2.2 Ausbildungsangebote an Business Schools

Business Schools lassen sich in Hinblick auf ihre Ausbildungsinhalte und Ausbildungsmethoden differenzieren. So gibt es u. a. Business Schools für Marketing, für Unternehmensgründungen und für den Finanzsektor (Isiadinso 2008: 29ff.).

Business Schools bieten je nach fachlicher Spezialisierung verschiedenste Studiengänge, Managementseminare, Coachings und Fortbildungen an. Es wird dabei immer sowohl ökonomisches Grundlagenwissen als auch spezialisiertes Wissen vermittelt.

> »Business Schools haben den Auftrag, die Business-Welt bei der Bewältigung ihrer Herausforderungen zu unterstützen. Dazu gehört die theoretische Forschung ebenso wie die prinzipielle Ausrichtung der Forschung und Lehre auf die Praxis« (Plinke 2007: 29).

Auf der Grundlage eines umfangreichen Test- und Prüfungsverfahrens führen diese Studiengänge zu berufsqualifizierenden Abschlüssen. Business Schools bieten Bachelor- und Master-Abschlüsse[7] an und ermöglichen Promotionen. In den Selbstdarstellungen der Business Schools, wie sie etwa in Werbefilmen, auf Websites oder in Broschüren zu finden sind, spielt die Ausbildung von Führungskräften als Ausbildungsziel die Hauptrolle (Rösemann 2004: 5).

Diesem Anspruch versuchen die Business Schools gerecht zu werden, indem sie praxisorientierte Problemlösungskompetenzen vermitteln, die sozialen Kompetenzen stärken und die Studierenden auf ein internationales Berufsfeld vorbereiten (Rösemann 2004: 5). Business Schools würden, so zumindest eine wiederkehrende Aussage in den Selbstdarstellungen, eine Ausbildung anbieten, welche deutlich praxisorientierter als ein Studium an einer staatlichen Universität sei. Gerade diese praxisorientierte Ausbildung könne die nötigen Kompeten-

---

[7] Der MBA-Abschluss (Master of Business Administration) gilt dabei als ein besonders prestigeträchtiger Studienabschluss.

zen und Qualitäten vermitteln, um eine Führungsposition zu erlangen. Auch wenn alle Business Schools den Praxisbezug betonen, gibt es zwischen den Schulen Variationen in den Praxiselementen der Ausbildung.

Die grundständigen Studiengänge an einer Business School richten sich eher an jüngere Studieninteressierte. Ältere Studieninteressierte, die zumeist schon fest im Berufsleben stehen, belegen in der Regel Studiengänge, die als gezielte Weiterbildungsmaßnahmen helfen sollen, neue Karriereoptionen zu erschließen.

> »Manager wenden sich Business Schools zu, weil sie sich davon etwas für ihre Karriere versprechen. Sie wollen ihre berufliche Laufbahn absichern oder beschleunigen, und sie glauben, dass ihnen die Bildung, die sie erwerben, dazu verhilft« (Plinke 2007: 35).

Das Studium an Business Schools kann auch als Reaktion auf eine Kündigung erfolgen. Gerade dieser Fall sei allerdings kein sonderlich positiver Start, wie Isiadinso bereits für das obligatorische Auswahlverfahren — das Assessment Center — welches über die Erlaubnis, an einer Business School zu studieren, entscheidet, betont:

> »The MBA Board also wants to ensure that you are not applying simply because your firm has a structure where employees complete a two-or three-year analyst program and then have to leave. Analysts and consultants in investment banking and strategy consulting face this issue the most. It is understood that a majority of analysts and consultants will ›move on‹ after two to three years and a significant number will end up pursuing their MBA degree« (Isiadinso 2008: 3).

Die geringe Arbeitsplatzsicherheit im Investmentbanking oder in der Unternehmensberatung sorgt für einen steten Strom an möglichen Studierenden, da nicht alle jungen Absolventen einer wirtschaftlichen Ausbildung nach ihrem Berufseinstieg die nächsten Karriereschritte einleiten können. Die Business School will jedoch auch nicht als

Sammelbecken für gekündigte Analysten[8] wahrgenommen werden, denn dadurch würde das Image der Institution als Karrieresprungbrett in Frage gestellt.

Die Zielgruppe der Managementausbildung wird durch die Soll-Vorgaben der Ökonomie (Unternehmensaussagen) definiert. Laut Rösemann wird der *Bedarf* an Absolventen als gleichbleibend bis steigend eingeschätzt. Die Absolventen sollten aus verschiedenen Ländern stammen, sie sollten *jünger* als die bisherigen Absolventen sein, optimal wäre ein Alter von *25 Jahren.* Das gesamte Studium soll dabei nicht länger als *vier bis fünf Jahre* gedauert haben und mit dem *Diplom oder Master* abgeschlossen haben. Die Absolventen sollen über eine *vielschichtige Persönlichkeit* verfügen, was im Detail bedeutet: Sie sollen *aufgeschlossen, reif, individuell* und *teamorientiert* sein und über mindestens sechs Monate *Auslandserfahrung* und sechs Monate *Praxiserfahrung* verfügen. Weiterhin sollen sie *Englisch* und mindestens eine *weitere Fremdsprache* fließend beherrschen und *Präsentieren* können (Rösemann 2004: 41). Rösemann fasst die an die Studierenden gerichteten Anforderungen folgendermaßen zusammen:

> »Die Unternehmen erwarten bereits von den Absolventen einer Business School viel: trotz ihres jungen Alters sollen sie eine ausgeprägte Persönlichkeit sowie umfangreiche Praxis- und Auslandserfahrung vorweisen können. Dies soll in einer relativ kurzen Ausbildungsphase mit einer fundierten wissenschaftlichen Ausbildung verbunden werden« (Rösemann 2004: 41).

Der praktische Anteil der Ausbildung dient der Identitätskonstruktion. Die Nähe zur Wirtschaft als Garantie für eine exklusive Ausbil-

8 Analysten sind in Investmentbanken dafür zuständig, Zahlen und Fakten in sog. *pitch books* und Präsentationen zusammenzustellen, welche den Managern von Unternehmen präsentiert werden, um neue Deals, wie etwa die Übernahme eines Konkurrenten oder eine Fusion, vorzubereiten. Analysten bilden die unterste Hierarchieebene im Investmentbanking.

dung muss im Unterrichtsalltag glaubhaft inszeniert werden. Inszenierungen der Unmittelbarkeit sind eine Form, um die für die Selbstsicht der Manager nötige Simultaneität mit dem Marktgeschehen herzustellen. Darüber hinaus wird die Vernetzung der Business Schools miteinander in den Darstellungen der Schulen betont. Eine Business School profitiert von ihren Partnerschulen im Ausland. Je größer deren wechselseitiges Renommee, umso bedeutungsmächtiger können sie sich selbst präsentieren. Aufgrund dieser Verflechtung der Schulen werden die Konnotationen der Top-Business Schools zu allgemeinen Versatzstücken des Diskurses über Business Schools. Sie können beliebig angewandt werden, um ein allen Business Schools innewohnendes Arbeitsethos der *Performance* zu proklamieren.

Der Bezug zur Praxis des Wirtschaftens wird im Kontrast zum angeblich rein theoretischen Wissenschaftsbetrieb an staatlichen Universitäten deutlich betont. Business Schools in Deutschland versuchen hingegen, den hierzulande getrennten Ausbildungsauftrag der Universitäten und Fachhochschulen in einer Institution zu vereinen (Rösemann 2004: 4).

Die Konkurrenz unter den weltweiten Business Schools um investitionsbereite Studieninteressierte ist groß. Die Schulen sind darüber hinaus bemüht, möglichst exzellente Kandidaten für sich zu gewinnen, da diese als Absolventen dem guten Ruf der Schule dienen können, um wiederum neue Bewerber auf diese Schule aufmerksam zu machen. Zudem werden in Rankings von Wirtschaftsjournalen die erfolgreichsten Schulen aufgelistet. Die Interessenten können aus diesem Angebot an Schulen wählen.

> »Bei der Auswahl einer Schule unterliegen sie einer extremen Beurteilungsunsicherheit. Bildungsleistungen sind Vertrauensgüter, deren Qualität man nicht vor dem Kauf und im Prinzip auch nicht während der Ausbildung richtig beurteilen kann. Vielmehr wird sich der Erfolg erst später erweisen, wenn sich herausstellt, ob das, was man erworben hat,

> auch wirklich das ist, was man haben wollte. Die Folge dieser Beurteilungsunsicherheit ist, dass man auf indirekte Qualitätsurteile angewiesen ist« (Plinke 2007: 35).

Auffällig ist die sprachliche Behandlung der Ausbildung als Produkt, welches den Käufer entweder zufriedenstellt oder im Nachhinein als Fehlkauf bewertet wird. Diese rhetorische Strategie ist aus Perspektive der Schulen aus mindestens zwei Gründen sinnvoll. Zum einen kann der mögliche Misserfolg eines Absolventen dem jeweiligen Subjekt angelastet werden. Das ist vor allem deshalb wichtig, weil es nur begrenzte Positionen im Topmanagement gibt, und nicht alle Absolventen diese erreichen werden. Zum anderen wird durch die Produktlogik der Kaufpreis des Produktes, also die Studiengebühren, mit einer besonderen Wertigkeit des Produktes gleichgesetzt. Demnach kann eine Ausbildung, die nicht zu Höchstpreisen angeboten wird, keine Topkarriere nach sich ziehen. An der untersuchten BUSINESS SCHOOL betragen die Studiengebühren knapp 6.000 Euro pro Semester für den Bachelor-Studiengang, wobei das gesamte Studium sieben bis acht Semester umfasst. Zahlreiche Studierende finanzieren ihr Studium über einen Ausbildungskredit, der in den ersten Berufsjahren zurückgezahlt werden muss. Ein ähnlicher Betrag fällt auch für das zeitlich kürzere Master-Studium an. Hartmann bemerkt zu den hohen Studiengebühren an Business Schools in Großbritannien:

> »Die angestrebte soziale Auslese ist bei dieser Gebührenhöhe weitgehend gewährleistet, zumal wenn man die Einkommensverluste durch den entgangenen Verdienst hinzurechnet. Die Top-Business-Schools stellen somit einen weiteren neuen Baustein in einem Bildungssystem dar, das für eine elitäre soziale Besetzung von Spitzenpositionen in der Wirtschaft eine entscheidende Rolle spielt« (Hartmann 1996: 170).

Die Bildung einer Wirtschaftselite setzt eine Reihe von Strategien der Exklusion ungeeigneter Interessenten voraus. Die Studiengebühren sind nur ein Weg. Die Erlaubnis, an einer Business School zu studieren, ist zudem mit dem Bestehen eines Assessment Centers verbunden. Der Begriff *Assessment Center* bezeichnet ein

> »Beurteilungs- und Auswahlverfahren für *Führungskräfte* in meist mehrtätigen Seminaren. Dabei geht es darum, ein möglichst umfassendes Bild von Bewerbern über ihre Führungsqualitäten und ihre fachliche und *Soziale Kompetenz* (z. B. Verhalten in der Gruppe, Umgang mit Menschen in schwierigen Situationen) zu erhalten« (Rittershofer 2009: 76).[9]

Für ein ausbildungs- oder berufsintegriertes Studium kommen weitere bankinterne Assessment Center auf die Bewerber zu.[10]

Es wird von den Kandidaten allgemein akzeptiert, dass die Suche nach den besten Bewerbern das Ziel des Verfahrens ist und dass sie alles daransetzen müssen, um zu den Besten zu gehören. Hierbei ist die Wahrscheinlichkeit groß, dass der Bewerber übersieht, welche weiteren Interessen mit dem Assessment Center verfolgt werden. Die Business School kann auf diese Weise überprüfen, welche Bewerber sich bereits vor der Ausbildung am besten nach den Vorgaben der Ökonomie verhalten. Für die Auswahlkommission zeigt sich so schon im Auswahlverfahren, welche Kandidaten die größten Wahrscheinlichkeiten auf sich vereinen, einen managerialen Habitus zu verwirklichen. Hartmann betont die grundlegende Bedeutung des richtigen Habitus für die Erlangung von Managementpositionen (Hartmann 1996: 67ff.). Ein souveränes Auftreten gilt in diesem Kontext als unverzicht-

---

9 Die Kursivsetzung entspricht den Verweisen auf andere Artikel in dem Wirtschafts-Lexikon von Rittershofer.

10 Ein Wesensmerkmal des Assessment Centers ist die Geheimhaltung der Frage- und Beurteilungstechniken. Folgerichtig wurde die Beantwortung von Fragen zum Ablauf und Inhalt des Assessment Centers mit dem Hinweis auf die nicht gewünschte Transparenz des Verfahrens abgelehnt.

bar, da es Ausdruck von Professionalität ist. Pfadenhauer relativiert die Aussage Hartmanns.

> »Wie sich ein Berufstätiger gibt und was er kann, d. h. professioneller Stil und professionelle Kompetenz, scheinen [...] zumindest für den Laien bzw. den eine professionelle Leistung in Anspruch nehmenden Klienten eng miteinander verbunden zu sein« (Pfadenhauer 2009: 7).

Gleichwohl kann festgehalten werden, dass sich das Management als professionelle Branche versteht, in der Abweichungen zwar möglich sind, jedoch zu schwer tolerierbaren Irritationen im Managementbetrieb führen.

> »›Professioneller Stil‹ meint demnach jene Haltung, mittels derer ein berufstätiger Akteur anzeigt, dass er kein Dilettant, Amateur, Laie, dass er nicht unbeholfen und unsicher, sondern ›Herr der Lage‹ ist, die es je zu bewältigen gilt. Professioneller Stil, so verstanden, präsentiert also eine beanspruchte Kompetenz im als ›angemessen‹ verstandenen Umgang mit den je gegebenen Problemen und appräsentiert dabei auch eine bestimmte Erfahrungsverarbeitungsqualität« (Pfadenhauer 2009: 7).

Die Trennlinie zwischen objektiver und wertender Beschreibung kann dabei schnell überschritten werden:

> »Gleichzeitig wird mit der Bezeichnung ›Professionalität‹ oder ›professionell‹ eine Leistung bestimmter — besserer — Qualität identifiziert bzw. markiert, es handelt sich vor allem im wirtschaftsnahen Gebrauch um normativ wertende Begriffe« (Langer, Manzeschke 2009: 154).

Die Professionalität des Managements kann jedoch nicht als unhinterfragte Tatsache bestehen bleiben, denn bereits diese Zuschreibung von Attributen, sei es im alltäglichen oder wissenschaftlichen Kontext, führt zur Verfestigung von stereotypisierten Fremdbildern und bestätigt manageriale Performanzen.

Hier zeichnet sich ab, warum gerade die Business School als die prädestinierte Institution für die Managementausbildung angesehen wird:

Business Schools können sich als private Bildungseinrichtungen in ihrem Bildungsangebot weitaus effektiver auf Unternehmensvorgaben ausrichten. Vor allem die Unterrichtsinhalte können den Unternehmensinteressen unmittelbar folgen. So scheinen die Business Schools prädestiniert zu sein, den Shareholder Value zu etablieren, da sie bevorzugt in einer Verantwortungsrelation zu den Unternehmen stehen und nur wenig Rücksicht auf gesellschaftliche Problemlagen nehmen müssen. Die Banken und Unternehmen können sogar Einfluss auf die Lehrpläne der Business School nehmen.[11] Im Gegenzug können die Unternehmen auf einen Pool kompetenter Managementanwärter zugreifen. Gerade diese Kooperation manövriert die Verantwortlichen der Business Schools jedoch in ein intern diskutiertes Dilemma:

> »Die Business School muss ein klares Bekenntnis zur Unabhängigkeit, Transparenz und Objektivität der Forschung ablegen. Sie darf niemals in den Verdacht geraten, in ihrer Forschung oder Berufungspolitik von einzelnen Auftraggebern bestimmt zu werden. Gleichwohl sind alle Empfänger der Bildungsleistungen Kunden, deren Erwartungen berücksichtigt werden müssen« (Plinke 2007: 36).

Um diese zwiespältige Situation zu entschärfen, sind eine ganze Reihe von Diskursen und Praktiken notwendig, welche später dargestellt werden. Es geht für die Verantwortlichen der Business Schools einerseits darum, die eigene Glaubwürdigkeit und die eigene Unabhängigkeit vor Unternehmenseinflüssen zu sichern. Andererseits müssen sie den Unternehmen in ihren Vorgaben folgen, um für die Studierenden Karrierevorteile zu generieren. Die Gestaltung der Lehrpläne und des Unterrichts durch die Business Schools beschreibt das Dilemma der miteinander konkurrierenden Interessen. Die Interessen der Wirtschaftsunternehmen scheinen hierbei besonders wirkmächtig zu sein, da diese sich als Global Player inszenieren. Die Trennlinie zwischen

[11] Mittlerweile verfolgen die Großkonzerne zunehmend die Strategie, ihr Führungspersonal an eigenen Akademien auszubilden.

Machtinszenierung und tatsächlicher Machtausübung ist jedoch nicht eindeutig zu ziehen, da mit Versatzstücken des einen das jeweils andere realisiert werden kann. Sogar kritisch beschreibende Äußerungen folgender Art könnten an anderer Stelle zur Inszenierung benutzt werden.

> »Die internationale Spekulationswirtschaft ist [...] der Kontrolle nationaler Institutionen immer mehr entzogen, die einst, wie etwa die Zentralbanken, für die Regulierung der Finanzgeschäfte zuständig waren, und die langfristigen Zinssätze werden heute immer weniger von nationalen Einrichtungen, sondern von einer kleinen Gruppe internationaler Akteure festgesetzt, die nun über die Entwicklungen der Finanzmärkte entscheiden« (Bourdieu 2004c: 217).

Teil dieser komplexen Inszenierung ist dann beispielsweise der Umstand, dass nicht nur Staaten an sich, sondern auch staatliche Universitäten grundsätzlich als unterlegen, als weniger flexibel inszeniert werden. Dieser zugewiesene Nachteil wiegt in der Inszenierung deutlich schwerer als eine eventuelle Abhängigkeit der privaten, gewinnorientierten Business Schools, wie folgender Verbesserungsvorschlag eines Befürworters dieser Institution anschaulich zeigt.

> »Die ›Nahrungskette‹ des Wissens, die eine Business School aufbaut, muss (stark vereinfacht gesagt) komplexer sein als der Wissensfluss in der Idee der Humboldt'schen Universität, wo primär Forschung die Forschung befruchtet und die Lehre gleichsam als Nebenprodukt abfällt. Stattdessen ist die Einwirkung auf die Praxis der letztendlich beabsichtigte Effekt, dem die Ausbildung zu dienen hat, und der Ausbildung wiederum dient, wenn auch nach manchen Produktionsumwegen, die Forschung. Von der Praxis gehen umgekehrt auch Impulse für die Ausbildung und die Forschung aus, so dass die Nahrungskette des Wissens tatsächlich in zwei Richtungen wirksam wird« (Plinke 2007: 36).

Es zeigt sich, dass dem Wissen seine Relevanz aus der Nutzenorientierung zuwächst. Das Wissen wird als zu generierendes und zu veräußerndes Kapital angesehen, das zwischen Business School und Unternehmen fließt. Ähnlich wie der Wissensbegriff werden die Begriffe Bildung und Ausbildung nicht genauer definiert. Allein der Begriff Business School verweist bereits auf ein elementares Problem aus den Anfängen dieser Institution. Dieses Problem fällt mit der Etablierung des Managerberufs zusammen.

> »One of the key factors in management's successful effort to establish its claims to the legitimacy and authority it enjoys to this day was another institution — once new and obscure, now familiar and powerful — whose sources of legitimacy and authority have become largely invisible: the university-based business school. When they first emerged, business schools were highly controversial institutions. The profit-maximizing imperatives of business were seen to be at odds with the more disinterested mission of universities« (Khurana 2007: 4).

Der Konflikt fußt auf der Annahme, eine Business School sei keine Universität und somit ein bezahlter Manager kein Wissenschaftler im eigentlichen Sinn des Wortes. Auf diesen Umstand weist auch Plinke hin:

> »Tatsächlich waren die Schulen dieser Zeit zu Beginn eine Antwort auf Sachzwänge der Praxis, auf Bildungsanforderungen der Geschäftswelt und somit weniger Stätten der akademischen Forschung und der Erkenntnis ihrer selbst willen. Gleichwohl sollten die Business Schools nach dem Willen ihrer Gründer von Anfang an den Rang universitärer Stätten der Lehre und Forschung einnehmen« (Plinke 2007: 25).

Zusammengefasst kann gesagt werden: Business Schools arbeiten bei der eigenen Identitätskonstruktion mit einer Vielzahl von Konnotationen der universitären Forschung und Lehre, die sie entweder positiv oder aber negativ definiert in Stellung bringen, um ihre eigene Identität zu beschreiben. Vor allem in Verbindung mit dem Karrierebegriff kann der Erfolg der Institution Business School wirksam inszeniert und mit den Karrieren der Absolventen auch realisiert werden. Die

Erfolgsformel der Business Schools lautet daher: »Die angebotenen Karrierewege müssen attraktiv sein« (Plinke 2007: 38f.) So entsteht im Verlauf der Zeit eine Totalität: Der Weg zur Managementposition führt in der Regel über eine Business School.

3 Forschungskonzeption

Die Analyse der Ausbildung von künftigen Managern an einer Business School stellte insofern eine Herausforderung dar, als dass die Untersuchung an dieser Institution nur zeitlich begrenzt stattfinden konnte. Dadurch ergab sich ein Konflikt zwischen einer auf Permanenz angelegten Institution und der situativen Feldforschung. Die Managementausbildung wirkt vor allem deshalb, weil sie den Subjektbildungsprozessen ein Umfeld der Stabilität bietet. Um subjektbildende Institutionen ethnografisch erfassen zu können, muss deshalb zwischen der Permanenz der Institution und der Situativität der Feldforschung vermittelt werden. Diese Vermittlung erfolgt einerseits durch die in der Institution angelegten Strukturierungsprozesse und andererseits durch die sich aus der Feldforschung ergebenden Strukturen:

- das Alter der Studierenden (Gegensatz zwischen jungen und älteren Studierenden);
- gestaltete Umwelt und Wahrnehmung der Mitwelt (Schütz, Luckmann 1984: 250);
- Vorstellungen vom Beruf des Managers und tatsächliche Arbeitsrealität;
- gefordertes Engagement und persönlicher Umgang mit dieser Anforderung (Verhandlung von Beruf und Privatleben);
- Enkulturierung von Kooperation und Konkurrenz.

3.1 Feldforschung in der Ökonomie

Auf meine Anfrage hin wurde mir die Möglichkeit eröffnet, an einer renommierten Business School in Deutschland meine Untersuchung durchzuführen. Die Leitung der BUSINESS SCHOOL öffnete für die Feldforschung eine Anzahl von Kursen. Die ausgewählten Dozenten und Studierenden wurden per Email-Rundschreiben über das Forschungsvorhaben vorab informiert. Die Feldforschung fand während eines durchgehenden Zeitraums von drei Wochen im April 2010 statt. Im Feld wurde in jeder neuen Unterrichtsstunde das Forschungsprojekt vor Stundenbeginn nochmals kurz vorgestellt. Alle Beteiligten wussten also zu jeder Zeit, wer sie dort zu welchem Zweck besuchte. In der ersten Woche und am Montag der zweiten Woche wurde der Unterricht der Bachelor-Studierenden des Studiengangs *Betriebswirtschaftslehre* (BWL) beobachtet, welche sich zum Zeitpunkt der Feldforschung im zweiten Semester befanden. Die Studenten dieses Studiengangs absolvieren ein duales Studium, welches aus der Ausbildung bei einem Kreditinstitut und dem Studium an der BUSINESS SCHOOL besteht. Dabei sind die Studierenden an drei Tagen der Woche in der Bank und an den folgenden zwei oder auch drei Tagen in der BUSINESS SCHOOL tätig. Die Arbeitswoche umfasst somit bis zu sechs Tage, an denen entweder Ausbildungs- oder Arbeitsblöcke absolviert werden müssen. Der in der zweiten und dritten Woche beobachtete berufsintegrierte Master-Studiengang ist gezielt auf die Finanzbranche abgestimmt. Da die Master-Studierenden berufsbegleitend studieren, gestalten sich ihre Wochenstundenzahlen je nach Arbeitsvertrag individuell verschieden. Die Auswahl dieser Gruppen hatte folgenden Grund: Zunächst sollten möglichst junge Studierende beobachtet werden, welche noch am Anfang ihrer Ausbildung stehen. Veränderungen im Verhalten, als Folge der Subjektivierungsprozesse der Ausbildung, dürften bei den älteren Master-Studierenden deutlicher auftreten als bei den jüngeren Bachelor-Studierenden. Auch die Master-Studierenden befanden sich zum Zeitpunkt der Feldforschung im zweiten Semester.

Die Unterrichtssituation und die Unterrichtsinhalte wurden mittels teilnehmender Beobachtung erfasst und werden in dieser Ethnografie kontextualisiert und analysiert. Mit zwei Bachelor-Studenten und einer Bachelor-Studentin, sowie drei Master-Studenten und zwei Master-Studentinnen wurden nach dem Unterricht »ero-epische Gespräche« nach Girtler geführt, in denen versucht wurde, eine Symmetrie im Gespräch zu erzeugen. Weder Forscher noch Beforschter sollte das Gespräch dominieren (Girtler 2001: 147). Die Einladung zum ero-epischen Gespräch wurde vor Ort offen vor der jeweiligen Klasse formuliert. Die Auswahl der von sich aus gewillten und der zusätzlich angesprochenen Gesprächspartner wurde in der Hinsicht gestaltet, dass sowohl offensivere als auch zurückhaltendere Charaktere zum Zuge kamen. Die ursprünglich geplante Verteilung auf zwei männliche und zwei weibliche Gesprächspartner für die jeweiligen Studiengänge konnte aufgrund von Absagen bei den Bachelor-Studierenden nicht realisiert werden. Als Begründung für die mitunter spontanen Absagen wurden Zeitmangel oder kurzfristig anberaumte Projektarbeiten genannt.

Zusätzlich wurden eine Veranstaltung des wirtschaftsmathematischen Studiengangs *Quantitative Master* beobachtet. In diesem waren die Studierenden mindestens 30 Jahre alt. Die langjährige Berufspraxis der Studierenden war im Studienalltag deutlich erkennbar.

Der Name der Business School wird, ähnlich wie es Mulder van de Graaf und Rottenburg mit den von ihnen erforschten Unternehmen gehandhabt haben, durch ein neutrales BUSINESS SCHOOL anonymisiert (Mulder van de Graaf, Rottenburg 1989: 216). Ferner wird der Name der Stadt, in der sich die Business School und die Kreditinstitute befinden, nicht genannt, sondern mit STADT bezeichnet. Auch die Namen der Kreditinstitute, bei denen die Studierenden arbeiten oder eine Ausbildung absolvieren, sind durch die für alle verschiedenen Banken gleiche Bezeichnung BANK anonymisiert worden. Die Namen der Dozenten werden nicht genannt und bei den Namen der Studierenden handelt es sich um Pseudonyme.

Der Zugang zum Feld gestaltete sich vor Ort weitestgehend problemlos. Auf die das Gespräch vorbereitende Frage, warum man sich denn für die Teilnahme entschieden habe, antworteten die Studierenden nahezu durchweg, dass sie an den Fragestellungen der Feldforschung sehr interessiert seien und diese mit ihren eigenen Erlebnissen aus Schul- und Arbeitsalltag gut verbinden könnten. Die Mitarbeiter der BUSINESS SCHOOL zeigten sich sehr hilfsbereit, freundlich, kooperativ und an der Feldforschung interessiert. Durch die hohe Akzeptanz der Feldforschung bei den Lehrenden und den Studierenden konnte die teilnehmende Beobachtung in allen relevanten Räumen durchgeführt werden.

Die Mobilität der Untersuchten wurde aus forschungstaktischen Gründen nicht nachvollzogen. Stattdessen sollte einerseits die Situation an der Schule durch die teilnehmende Beobachtung, andererseits die Situationen außerhalb der Schule durch die ero-epischen Gespräche erfasst werden, da an der Außenperspektive vorrangig die Darstellung dieser Orte durch die Studierenden mit ihren jeweiligen Bewertungen und Charakterisierungen interessierte. Sie sollten interpretierbare Hinweise auf die Wirkungen dieser Orte auf die Studierenden liefern und es möglich machen aufzuzeigen, wie diese die Divergenzen und Konvergenzen der zwei Wirklichkeitsbereiche Bank und Schule kreativ formen.

3.2 Theoretische Fundierung

Diese Studie orientiert sich am Foucaultschen Begriff der Gouvernementalität. Der späte Foucault erkannte selbstkritisch, in seinen frühen Werken Macht und Herrschaftstechnologien überschätzt und die Selbsttechnologien unterschätzt zu haben (Foucault 1993: 27). Als Korrektur entwickelte er die Anfänge eines Konzeptes zur Erklärung von Subjektivierungsprozessen. Der zentrale Begriff dieses Konzepts lautet Gouvernementalität, in dem Regieren und Mentalität oder Denkweise semantisch miteinander verbunden werden (Lemke, Krasmann, Bröckling 2000: 8). Es geht hierbei um die theoretische Konzeption von Macht in einem jeden Subjekt. Diese Macht ist es, welche das Subjekt und seine Handlungen erst ermöglicht, dabei jedoch nicht auf die bloße Unterdrückung des Subjektiven abzielt:

> »Regierung im Sinne Foucaults bezieht sich somit nicht in erster Linie auf die Unterdrückung von Subjektivität, sondern vor allem auf ihre ›(Selbst-)Produktion‹, oder genauer: auf die Erfindung und Förderung von Selbsttechnologien, die an Regierungsziele gekoppelt werden können. Sie operiert nicht ausschließlich und notwendig über explizite oder implizite Verbote von Handlungsoptionen, sondern auch und gerade durch ihre Macht, Subjekte zu einem bestimmten Handeln zu bewegen« (Lemke, Krasmann, Bröckling 2000: 29).

Das Konzept der Gouvernementalität nimmt in einer großen Zahl an kulturwissenschaftlichen Arbeiten zu Wirtschaftsthemen im Neoliberalismus[12] eine Schlüsselposition ein (Legnaro 2000, Pühl 2003, Pieper 2003, Rau 2010). Das Verhalten des Subjekts als Selbstregierung nach ökonomischen Vorgaben steht in diesen Analysen häufig im Mittelpunkt. Dabei wird weniger das Handeln der Subjekte fokussiert, als vielmehr die Modi der Selbstregierung, welche an die Subjekte herangetragen werden. Bröckling erläutert die »Genealogie der Subjektivierung« nach dem Foucaultschen Prinzip anhand von Ausbildungssituationen:

> »Analysiert werden Programme des Regierens, die das Handeln zwar anleiten oder zumindest anleiten sollen, die aber keineswegs mit ihm zusammenfallen. Lehrpläne, Schulbücher oder die Architektur von Klas-

[12] Der Begriff Neoliberalismus wird im Rahmen dieser Ethnografie verwendet, um möglichst neutral eine Ökonomie zu bezeichnen, in welcher die Wirtschaftsordnung auf möglichst freie Märkte mit nur geringer staatlicher Einflussnahme abzielt. Ferner bezeichnet dieser Begriff einen verschärften Kapitalismus, welcher neben einer Förderung einer kompetitiven Ökonomie im Umfeld globaler Märkte vor allem vom einzelnen Subjekt besondere Anstrengungen fordert, um der Maxime der Effizienzsteigerung gerecht zu werden. Die Verwendung dieses Begriffs beinhaltet darüber hinaus keine (wirtschafts-)politischen Implikationen.

senzimmern zu untersuchen ist etwas anderes als individuelle Lernprozesse zu rekonstruieren. Die Genealogie der Subjektivierung [...] fragt nicht, was ein Schüler tut oder lässt, sondern welche Institutionen und Personen (die des Schülers eingeschlossen) ihn auf welche Weise und mit welcher Intention dazu zu bringen versuchen, etwas Bestimmtes zu tun und anderes zu unterlassen« (Bröckling 2007: 42f.).

Als ein alle Aspekte der Subjektivierung umfassender Begriff bietet sich der von Foucault geprägte Terminus des Dispositivs an. In einem Gespräch mit Angehörigen des Département de Psychanalyse der Universität Paris VIII gibt Foucault auf die Frage, was der Sinn des Begriffs Dispositiv sei, folgende Antwort:

> »Was ich unter diesem Titel festzumachen versuche ist erstens ein entschieden heterogenes Ensemble, das Diskurse, Institutionen, architekturale Einrichtungen, reglementierende Entscheidungen, Gesetze, administrative Maßnahmen, wissenschaftliche Aussagen, philosophische, moralische oder philanthropische Lehrsätze, kurz: Gesagtes ebensowohl wie Ungesagtes umfaßt. Soweit die Elemente des Dispositivs. Das Dispositiv selbst ist das Netz, das zwischen diesen Elementen geknüpft werden kann« (Foucault 1978b: 119f.).

Es werden sowohl die äußerlichen, also körperlichen als auch die inneren, charakterlichen und seelischen Dimensionen des Subjektes durch die dominanten, strategischen Funktionen der Dispositive und der jeweiligen Selbsttechnologien in einer Verschränkung von Macht- und Wissensverhältnissen beeinflusst (Agamben 2008: 8f.). Reckwitz beschreibt den Dispositivbegriff mit den Worten: »Die Dispositive lassen sich als Felder analysieren, in denen den Körpern (und möglicherweise den ›Seelen‹) eine bestimmte Subjektform antrainiert wird« (Reckwitz 2008: 82). Mit der Betonung der Umgebungsqualitäten, etwa bei den architekturalen Elementen, lassen sich Kernaspekte des Dispositivkonzepts sinnvoll in Feldforschungssituationen anwenden.

Vom Dispositivbegriff ausgehend wird in der anschließenden Dispositivanalyse

> »das Verhältnis zwischen Diskurs, nicht-diskursiven Praktiken und den symbolischen Objektivierungen sowie materialen Vergegenständlichungen [...] hinsichtlich ihrer (Macht-)Wirkungen auf Subjekte und Diskurse« erforscht (Bührmann, Schneider 2008: 103).

Im Vorfeld der empirischen Erhebung wurde bewusst vermieden, das Dispositiv, das an der BUSINESS SCHOOL in Erscheinung tritt, vorwegzunehmen. Es sollte sich im Vollzug der Feldforschung aus den erkenn- und analysierbaren Elementen selbst erzeugen.

> »Nicht ›das Dispositiv‹ kann empirisch erforscht werden, sondern mit der Dispositivanalyse können Wechselwirkungen zwischen vorherrschenden Wissensordnungen, diskursiven und nicht-diskursiven Praktiken (im Alltag), ihre symbolischen wie materialen Objektivationen sowie die damit verbundenen Subjektivationen/Subjektivierungen empirisch untersucht und entsprechend (macht- und herrschafts-)theoretisch gedeutet werden« (Bührmann, Schneider 2008: 111).

Es wird im Folgenden versucht, durch die teilnehmende Beobachtung und die ero-epischen Gespräche die Elemente des Dispositivs, das die Managementausbildung beschreibt, zu analysieren, da nur über die Kenntnis der Elemente das Dispositiv selbst sichtbar wird. Die Elemente werden hier mit den Zeit- und Raumverhältnissen, den Unterrichtsordnungen und den habituellen Ausstattungen in Verbindung stehen. Um das in dieser Ethnografie konstruierte Dispositiv *Managementausbildung* eindeutig als Konstruktion zu markieren, wird dieser Begriff durchgängig kursiv geschrieben. Hierdurch können die Beobachtungen und Deutungen getrennt bleiben. Die Darstellung der Ergebnisse ist somit weit weniger hermetisch und wird auf diese Weise auch für alternative Deutungen der Leser geöffnet. Die Beschreibung der einzelnen Beobachtungen bildet die Elemente des Dispositivs, das die Managementausbildung beschreibt. Die Darstellung der

Umgebungsqualitäten soll das architekturale Element des Dispositivs wiedergeben. Die Unterrichtsinhalte, bestimmte Inszenierungen und Diskurse konstituieren weitere Elemente jenes Dispositivs. In den Gesprächen wurden Dispositivaspekte nicht explizit erfragt. Die Aussagen der Studierenden stehen daher zuerst für sich.

Die Positionierung der Subjekte im und zum Dispositiv ist der andere Aspekt dieser Analyse. Dazu wird mit dem Foucaultschen Begriff der Technologien des Selbst gearbeitet. Im Anschluss an die Gouvernementalität und den Dispositivbegriff bemerkt Reckwitz zu den Technologien des Selbst:

> »Das Konzept der Technologien des Selbst richtet das Interesse auf jene kulturellen Prozesse, die über den Weg bestimmter Techniken im Umgang mit der eigenen Person und ihren mentalen oder körperlichen Verfahrensweisen ein spezifisches hermeneutisches Selbstverstehen, etwa ein Ethos des Selbst, heranziehen. Das Selbstverstehen ist hier nicht phänomenologisch im subjektiven Innern angesiedelt, sondern hängt ab von bestimmten Techniken des Umgangs mit sich selbst« (Reckwitz 2008: 83).

Die Technologien des Selbst bilden in ihrer grundlegenden Bedeutungsdimension der »Sorge um sich selbst« zunächst den Ausgangspunkt allen Strebens des Subjekts ab, für eine lebenswerte Gegenwart und Zukunft zu sorgen. Foucault hat das Grundprinzip der Technologien des Selbst aus der antiken griechischen Philosophie abgeleitet. »Diese Praktiken wurden im Griechischen als *epimelēsthai sautou* bezeichnet, was soviel heißt wie ›auf sich selbst achten‹, ›Sorge um sich selbst‹, ›sich um sich selbst kümmern‹« (Foucault 1993: 28). Foucault kann an Beispielen demonstrieren, wie die Sorge um sich selbst immer schon in der »Maxime« der Selbsterkenntnis des »Delphischen Orakels« enthalten war und diese erst ermöglichte. Faktisch war die Sorge um sich selbst sogar bedeutender als die Selbsterkenntnis — was in der sich anschließenden philosophischen Tradition zweifelsohne anders gewichtet wurde und als Folge die Sorge um sich selbst in den Hintergrund drängte (Foucault 1993: 28f.). Das Konzept der Sorge um sich selbst kann zwar als zeitlos gültig bezeichnet werden, im gegenwärtigen Kapitalismus erhält es jedoch eine besondere Brisanz:

> »Weil unter den Bedingungen eines flexibilisierten Kapitalismus selbst die Gewinner ihre Position immer nur ›für den Moment‹ behaupten können, verallgemeinert sich die nur allzu berechtigte Sorge, vielleicht morgen schon auf der Verliererseite zu stehen« (Bröckling 2000: 162).

Dadurch, dass das Spektrum an möglichen Wegen zum Lindern der Sorgen aber zumeist doch von Außen kommt, ergibt sich eine besondere Zwischenstellung der Selbsttechniken. Foucaults Definition der Technologien des Selbst bezeichnet Techniken,

> „die es dem Einzelnen ermöglichen, aus eigener Kraft oder mit Hilfe anderer eine Reihe von Operationen an seinem Körper oder seiner Seele, seinem Denken, seinem Verhalten und seiner Existenzweise vorzunehmen, mit dem Ziel, sich so zu verändern, daß er einen gewissen Zustand des Glücks, der Reinheit, der Weisheit, der Vollkommenheit oder der Unsterblichkeit erlangt« (Foucault 1993: 26).

Die Selbsttechnologien dienen dazu, Prozesse der inneren Selbstthematisierung in der Dingwelt, und damit in der Interaktion mit anderen, zu konkretisieren. Erst über diese Konkretisierungen können Belange des Selbst zu anwendbaren Aspekten praktischer Handlungen werden. Selbsttechnologien sind damit ein elementarer Bestandteil von sichtbaren Inszenierungen und Praktiken, bilden aber auch eine Fokussierung von innerlichen Motivationen, Wünschen und Sorgen ab, welche sich für das sie erlebende Subjekt als lebensbestimmende Entitäten darstellen. Reckwitz verortet die frühen Selbsttechnologien der Moderne im 17./18. Jahrhundert. Ihm erscheinen sie als

> »spezialisierte und zugleich routinisierte Komplexe von Alltagstechniken, in denen jenseits der Leistungsbeziehungen der Arbeit und den per-

> sönlich-intimen Beziehungen das Subjekt in erster Linie ein Verhältnis zu sich herstellt« (Reckwitz 2006: 58).

Seit 1920 setzten sich in der Angestelltenkultur »konsumatorische Praktiken« durch, welche »Praktiken der Rezeption von Konsumobjekten« darstellten (Reckwitz 2006: 59). In der Folge der 1970er Jahre bestimmen Selbsttechnologien, welche sich auf die Körperlichkeit beziehen, die Subjektbildung. Sie zielen auf durch Kosmetik, Sport und psychologisierte Praktiken bereitete Körper, welche vor allem zum Ende des 20. Jahrhunderts idealisiert wurden. Die Beschreibung dieser kulturellen Phänomene als Technologien des Selbst stellt bereits eine Weiterentwicklung des Foucaultschen Konzepts dar:

> »Foucault hat die ästhetische Subjektform (trotz ständiger Verweise auf die Avantgarden in seinen Arbeiten der 1960er Jahre) erst in seinem Spätwerk entdeckt, dann jedoch im Wesentlichen auf die Spätantike projiziert; eine archäologisch genealogische Analyse ästhetischer Subjektivität innerhalb der Moderne findet bei ihm nicht statt« (Reckwitz 2006: 642).

Die Folgen dieser Akzentverschiebung sind nicht unerheblich. Während bei Foucault das Dispositiv eine vergleichsweise totale Rolle spielt und dem Subjekt letztlich kaum ein Gegengewicht zu Dispositiven zufällt, betont Reckwitz die prozesshafte Emanzipation des Subjektes seit der Moderne. Der Einfluss der Dispositive auf das Subjekt zeigt sich dann eingeschränkter, da das moderne und vor allem das postmoderne Subjekt fähig ist, kulturelle Fixierungen immer wieder kreativ über kulturelle Hybridbildungen auf eine unvorhersehbare Weise umzustürzen (Reckwitz 2006).

Zusammengefasst bedeutet dies, dass sich die gegenwärtige theoretische Beschäftigung mit der Subjektbildung nach wie vor an Foucaultschen Begriffen und Konzepten orientiert, diese jedoch weniger absolut denkt. Heute wird Subjektivität im Spannungsfeld von Krise und Emanzipation gedacht (Demirović, Kaindl, Krovoza 2010). Damit ist die Bestimmung postmoderner Subjektivität und die Frage nach konkreten Subjektivierungsweisen buchstäblich zu beiden Seiten hin offen und dynamisch. Was zum einen die Möglichkeit einer Hybridisierung von Subjekten bedeuten kann, kann auch deren Zersplitterung begünstigen. Laut Demirović ist heutzutage die Eliminierung der Ich-Instanz und der Individualität durch eine Dezentrierung zu befürchten,

> »in der jedes einzelne Subjektelement auf unterschiedliche Weise funktional gemacht wird — ohne inneren Zusammenhalt: ein wenig Supervision und Coaching, eine gelegentliche Therapie, ein bisschen Meditation, Besinnung und Einkehr, ein dosierter Alkoholismus oder Drogenkonsum. Die Dezentrierung wird zum Gegenstand eines umfassenden Dispositivs medizinisch-technischer Geschäfts- und Normalisierungspraktiken, die sich in Statistiken, Werbung, Zeitungsartikeln, Ermahnungs- und Gewissensrhetorik der Krankenkassen, Politikerreden oder ärztlichen Dienstleistungen organisieren: zu Magersucht, Fettleibigkeit, falscher Ernährung, Bewegungsarmut, mäßigem Alkoholkonsum, Schönheitschirurgie, Körperdesign, gentechnologischer Diagnostik« (Demirović 2010: 170).

Gerade die in vielerlei Richtungen wirksamen Dispositive lassen Zwischenräume entstehen, welche die Subjekte neu besetzen können. Arbeiten mit sozialkritischem Anspruch betonen in der Konsequenz die Möglichkeit, dass die Subjekte an den Dispositiven Kritik üben können.

> »Die Prozesse, vermittels deren die Akteure des sozialen Lebens die Ensembles, deren Teil sie selbst sind, konstituieren, auf Dauer stellen und/oder unterminieren, sind weitgehend selbst mit der Möglichkeit der Kritik verbunden, nicht nur dann, wenn sie die bestehende Ordnung in Frage stellen, sondern auch dann, wenn sie sie rechtfertigen müssen« (Boltanski 2010: 36f.).

Ein Sichtbarmachen der Dispositive ist Aufgabe der Kultur- und Sozialwissenschaften. Besonders empirischen Arbeiten zu Subjektivierungsprozessen fällt dabei eine entscheidende Rolle zu, da gerade sie mit einiger Sicherheit bestimmen können, wie es um die Subjekte konkret bestellt ist.

> »Allein eine gouvernementalitätsanalytische Beschreibung dessen, was den neoliberalen Programmen nach den Individuen angetan wird, bleibt [...] unbefriedigend und gibt wenig Auskunft über die innere Verfasstheit der Individuen, ihre psychische Dynamik, ihre inneren Widersprüche, über ihre Widerständigkeit, über ihre Autonomie- und Handlungspotenziale« (Demirović, Kaindl, Krovoza 2010: 10).

In dieser Studie wird eine gouvernementalitätsanalytische Beschreibung der inneren Dynamiken der Subjekte auf einer empirischen Basis zu erzielen versucht. Erreicht werden soll dies über eine Dispositivanalyse, welche sich auf eine Feldforschung stützt. In der Analyse wird mit den diskursiven und den nicht-diskursiven Elementen des Dispositivs gearbeitet, sie folgt jedoch nicht strikt der Foucaultschen Definition des Dispositivbegriffs. Die Studie widmet sich explizit den Studierenden, indem sie sie ausführlich zu Wort kommen und sich selbst positionieren lässt.

Als Folge dieser Forschungskonzeption wird offensichtlich, dass die Elemente des Dispositivs nicht immer gleich stabil sind — vor allem nicht aus der individuellen Perspektive eines konkreten Subjektes. Ein Dispositiv ist somit weitaus brüchiger und durchlässiger als es in den theoretischen Konzeptionen zunächst erscheint. Zentrale Erkenntnisse zum Dispositiv bleiben jedoch auch im Zuge einer empirischen Anwendung unberührt. Die Stabilität des Dispositivs sorgt dafür, dass die Subjekte die Vernetzungen in der Regel nicht wahrnehmen. Erst durch Brüche im Dispositiv oder wenn es für das Subjekt neu in Erscheinung tritt, werden Aspekte des Dispositivs erfahrbar und diese durch das Subjekt im Dialog mit sich selbst bearbeitet (Schmidt

2011). Gerade dort, wo, wie im Fall der Managementausbildung, Effizienz herrscht und eingeübt werden soll, können bei einer reinen Fokussierung auf die Elemente des Dispositivs diese dialogisch mit sich selbst stattfindenden Integrationen und Modifikationen nicht erkannt werden. In dieser Ethnografie soll zunächst herausgearbeitet werden, wie sich die Elemente des Dispositivs in der Gegenwart stabilisieren. Im Anschluss daran soll untersucht werden, wie sich die im Dispositiv befindenden Subjekte dieser im Regelfall stabilen Ordnung des Dispositivs begegnen und wo sich Brüche in dieser Ordnung zeigen. Um die individuellen Integrationen und Modifikationen in die Analyse des Dispositivs einbeziehen zu können, waren die teilnehmende Beobachtung und die ero-epischen Gespräche sehr hilfreich.

4 Innenansichten einer Institution

Eine Institution entfaltet permanent Wirkungen auf die in ihr interagierenden Subjekte und auf die Außenwelt. Im Folgenden soll untersucht werden, wie die Institution diese Wirkungen erzielen kann, welche Mittel ihr zur Verfügung stehen und wie sie die Subjekte einbindet. Zugleich soll aufgezeigt werden, wie sich die Subjekte zu der Institution Business School positionieren, ihr Macht delegieren und sie damit in den Stand setzen, das Dispositiv *Managementausbildung* zu konstituieren.

4.1 Vorstellungen, Motivationen und Ausformungen des Berufsziels Managementposition

Es sind nicht nur die Selbstinszenierungen der BUSINESS SCHOOL allein, welche den Besuch dieser Institution plausibel machen, sondern auch die Erwartungen, die die Studierenden mit dem Studium verbinden. Dabei zeigt sich, dass zwischen Anspruch und Wirklichkeit Spannungen auftreten können, die kontinuierlich sowohl von der BUSINESS SCHOOL als auch von den Studierenden bearbeitet werden müssen.

Die Arbeit im Bankmanagement ist mit Symbolen der Souveränität aufgeladen, welche auch von Nicht-Managern als solche erkannt werden. Versteht man das Aneignen einer Profession als ein Aneignen von Symbolen, welches zu bestimmten (symbolischen und praktischen) Handlungen befähigt, wird deutlich, warum zunächst gewisse Bilder des »erfolgreichen Managers« erkannt und verarbeitet werden müssen, um vom jeweiligen Subjekt in das eigene Handeln integriert werden zu können. Da die Studierenden der BUSINESS SCHOOL über diese Symbole zu Beginn ihrer Ausbildung noch nicht verfügen, diese Zuschreibungen aber kennen, werden sie zu Teilen ihrer Wünsche für die eigene Zukunft. Sie sorgen für die Dynamik beim Verfol-

gen der beruflichen Ziele. Diese Dynamik ist jedoch nicht planbar, sondern vielmehr offen für Brüche und Verschiebungen. Ob die Schilderungen der Studierenden eher als Wunschvorstellungen oder als tatsächliche Beschreibungen der eigenen Lebensrealitäten zu verstehen sind, lässt sich nur schwer feststellen. Feststellbar sind jedoch die zu verarbeitenden Widersprüche in den Erzählungen, die von den Studierenden individuell aufgelöst werden. Die folgenden Äußerungen auf die Frage nach den Motivationen sind als Repräsentationen dieses individuell reflektierten Prozesses der Selbstthematisierung zu verstehen, in denen die Studierenden die Diskurse über das Management zum einen kulturell brechen und zum anderen sprachlich kodieren.
Die Ausführungen der Studierenden verweisen auf die Machtwirkung des Dispositivs *Managementausbildung*, auf Selbsttechniken und auf kulturelle Prozesse der Prägung durch das Elternhaus. Master-Student Maximilian, dessen Vater ebenfalls Banker ist, berichtet von den Beweggründen für sein Wirtschaftsstudium und verweist auf eine für ihn zentrale Qualität des Bankerjobs.

> »Vielleicht dadurch, dass ich das tagtäglich auch mitbekommen habe, fand ich es eben spannend, den Bankerjob an sich. War vielleicht auch so ein Statussymbol. Vielleicht, weil man dachte, okay, ja, die Aussichten sind nicht schlecht, man kann eigentlich ganz gut Geld verdienen. Und das waren so die ersten Gedanken, die ich da so hatte« (Gespräch 3, Maximilian, MA-Student).

Oft ging dem Besuch der BUSINESS SCHOOL eine Ausbildung als Bankkaufmann voraus, die aber, angesichts der als begrenzt empfundenen Karrierechancen, nur als Zwischenstation dienen sollte. Bachelor-Student Matthias berichtet über seine Beweggründe:

> »Also in der Regel ist ja Cash oder Perspektive auf Erfolg oder soziales Prestige, was einen motiviert, hierher zu kommen. Also zumindest, hier was zu starten, hier was zu machen in der Ferne, irgendwas reizt einen ja immer hinzugehen. Und in STADT ist jetzt nicht gerade die schöne

Kultur drumherum, dann geht man vielleicht eher nach Heidelberg oder irgendwo anders hin. Aber in dem klassischen Filialgeschäft war es das halt nicht, das hab ich auch relativ schnell gemerkt. Das heißt, während der Ausbildung hab ich schon irgendwie gemerkt, hier willst du nicht bleiben, also das ist nicht das, wofür du hierher gekommen bist. Ich wollte halt gerne was bewegen, so ein bisschen was reißen im Markt, mal so salopp gesagt. Und, hab ich halt gemerkt, das werde ich mit ner Ausbildung zum Bankkaufmann nicht tun. Weil, der Gedanke, ich mache ne Bankkaufmannlehre, geh dann in irgendeine Bank und hol mir dann meinen Riesen-Bonus ab und regier die Welt, vielleicht so ein bisschen so ein Hirngespinst, was jeder gerne mit sich mitbringt, wenn er in so eine Stadt kommt, wie so in diesen schlechten Kinofilmen, wo jemand nach New York geht und sein Glück sucht, wirklich original so. Aber gut, es hat einen erstmal hergebracht und es war im Nachhinein auch keine schlechte Entscheidung. Es war halt, man zahlt den Preis eigentlich ganz, also rückwirkend hab ichs gern gemacht und würde es auch immer wieder machen« (Gespräch 1: Matthias, BA-Student).

Vor allem die Aussicht auf eine bessere Bezahlung dient als Motivation, sich für höhere Positionen im Bankwesen zu qualifizieren. Die Gründe für das eigene Verhalten werden hier nicht als individuell motiviert interpretiert, sondern werden auch als von außen herangetragen gedeutet. Das Sinnstiften des eigenen Handelns erfolgt mithin also auch über äußere Einflüsse — bei gleichzeitigem Verschieben der Verantwortlichkeiten für die eigene Tätigkeit:

»Das ist dann so eine Frage, machst du zwei Jahre einen richtig harten Job ganz oben oder machst du zehn Jahre im milderen Job ein bisschen weiter unten. Aber gut, dafür können viele von denen auch mal mit 40 in Rente gehen, wenn sie wollen. Aber wenn die erstmal Blut geleckt haben — ist irgendwie im Leben so wie mit allem, weil man als Mensch ja doch lernt, gierig zu sein, so von klein auf. Irgendwie lehrt einem die Gesellschaft, immer mehr zu wollen. D. h., in der Regel lässt man dann auch nicht los, sondern das Haus kann ja noch schöner und noch größer werden« (Gespräch 1: Matthias, BA-Student).

Weiterhin motiviert offenbar, dass in kurzer Zeit viel Geld verdient werden kann. Master-Student Karsten berichtet von einem angeblich weit verbreiteten Wunsch etlicher Kollegen aus dem Investmentbanking:

> »Diese ganze Banking-Industrie, die gibt dir natürlich auch die Möglichkeit — was weiß ich — mit 25 oder mit 30 deinen Porsche zu fahren. Und nicht erst mit 50. Und das ist dann auch etwas, das viele dann heiß macht zu sagen: ›Hey, das geht schnell, ich brauch ein, zwei gute Jahre und dann ist er da‹« (Gespräch 2: Karsten, MA-Student).

Neben dieser privaten Motivation verspricht der Beruf des Managers ein hohes Maß an gesellschaftspolitischer Verantwortung und ökonomischer Kompetenzzuschreibung. Dies zeigt sich in den Entwürfen der Arbeitssituation, wie sie von den Studierenden im Gespräch entwickelt worden sind. Die Verantwortung, das Teamworking und die Bedeutung der Projekte werden von den Studierenden als Antriebe präsentiert.

Die Bank als Ausbildungs- oder Arbeitsplatz und die BUSINESS SCHOOL bilden die Studierenden von zwei Seiten her aus. Master-Student Maximilian versucht, deren jeweilige Schwerpunktsetzungen einzuordnen und persönlich zu gewichten. Die Bank nimmt er als praktische Realität wahr, in der er verantwortungsbewusst handeln muss, während er den Unterricht an der BUSINESS SCHOOL als vorrangig theoretisch begreift.

> »Also ich glaube, in der Realität lernt man einfach mehr. Weil, man ist direkt in einem Team, man ist Mitarbeiter eines Unternehmens, man hat eine ganz andere Verantwortung. Und steht auch in einer gewissen Schuld, dass man eben schaut, ja, dass der Bereich, wo man auch gerade arbeitet oder das Team, auch gut harmoniert. Also ich glaube, das ist wichtig, um nicht nur die einzelnen Theorien — weil das erlebe ich oft auch, dass eben hier dann Theorien vermittelt werden und, ja, dann frage ich, wie macht man das denn in der Praxis? Oder, wie geht man denn in

der Praxis nach der Theorie vor? Ja, das kommt dann immer darauf dann, das ist dann einzelfallbezogen« (Gespräch 3: Maximilian, MA-Student).

Als weitere Motivation identifizieren die Studierenden die Bedeutung der Projekte, an denen sie hoffen, später mitarbeiten zu können oder bereits beteiligt sind.

»Ich arbeite bei der BANK seit 2006. Hab erst im Risikobereich ein Jahr lang gearbeitet, also Marktrisiken, Marktfolge eigentlich und bin jetzt auf der Relationship-Seite im Corporate Banking. Das sind dann Großkundenbetreuungen von Großunternehmen« (Gespräch 3: Maximilian, MA-Student).

Offenbar ist es eher die tatsächliche Berufspraxis, die das Interesse der Studierenden besonders fördert. Von den Unternehmen wird diese Motivation in dreifacher Weise nutzbar gemacht: Das Arbeitspensum wird optimiert, eine hohe Arbeitseffizienz verlangt und eine Auflösung der Grenzen von Arbeits- und Freizeit eingefordert. So berichtet Master-Studentin Anna von ihren Erfahrungen im Praktikum bei einem Wirtschaftsprüfungsunternehmen:

»Mein erster Erfolg sozusagen war, dass ich ein Praktikum bei WIRTSCHAFTSPRÜFUNGSUNTERNEHMEN hatte. Ich wurde natürlich schon genommen, weil ich beim Interview nicht so schlecht war. Aber ich merke schon, ja, man muss schon dazugehören. Also die Leute merken mir, glaube ich, schon an, dass ich etwas lockerer bin als andere oder in manchen Sachen anders, aber jeder hat halt seine Stärken und Schwächen. Aber man muss schon dazugehören, im Sinne von lange arbeiten, sich nicht beschweren. Ich habe mich angepasst sozusagen. Aber ich wurde voll akzeptiert, weil die gesehen haben, krass, die ist voll fleißig, die arbeitet hier bis neunzehn Uhr abends. Und dann war ich natürlich der Liebling von meinem Manager. Dann musste ich am Sonntag, am Samstag arbeiten. Was ich auch nicht toll fand. Aber wenn du das alles mitmachst, ja, und zwar sagst, ja, find ich nicht toll, aber ich machs halt mit, dann ist alles in Ordnung« (Gespräch 4: Anna, MA-Studentin).

Die Vorgesetzten in den Banken formulieren die Anforderungen an die Aspiranten, wobei sie sowohl auf die am Arbeitsplatz verbrachten Stunden, als auch auf die Effizienz der Arbeit abzielen.

> »Ich bin ganz unbescholten am ersten Tag in die Bank rein. Ich habe dann erstmal gemerkt, dass es Verkaufsdruck gibt. Wirklich, dass die Leute auch dahinter sind, die Vorgesetzten. Das hat mich halt geschockt damals« (Gespräch 5: Marie, MA-Studentin).

Der Einfluss der Arbeitgeber greift weit über das Arbeitsleben hinaus. Mittels der Kommunikationstechnologien versuchen die Banken auch außerhalb der Geschäftszeiten über die Arbeitsbereitschaft der Mitarbeiter zu verfügen. Dies zeigt sich auch in der BUSINESS SCHOOL, wenn Studierende den Unterricht mit dem Mobiltelefon in der Hand verlassen, oder während des Unterrichts per Laptop die Börsenkurse kontrollieren. Ein Student berichtete, dass er bei einem Gespräch mit seinem Vorgesetzten erwähnt habe, an den Schultagen das Mobiltelefon ausgeschaltet zu lassen, weil die Bezahlung für eine permanente Erreichbarkeit und Bereitschaft zum spontanen Einspringen in besonders arbeitsreichen Momenten einfach zu niedrig wäre. Der Vorgesetzte akzeptierte dieses Argument.

Die mit der Wirtschaft verbundenen Maximen von Erreichbarkeit und unmittelbarem Handeln werden von der BUSINESS SCHOOL im Unterrichtsalltag akzeptiert. In einer Unterrichtsstunde bei den jüngsten Studierenden, den BWL-Studenten, konnte dies in Zusammenhang mit einem Börsenspiel beobachtet werden. Diese Spiele sind eine Form des Recruitings, in denen von den Banken nach Talenten Ausschau gehalten wird. Dafür werden um fünfzehn Minuten veraltete Börsenkurse und eine festgelegte virtuelle Geldsumme bereitgestellt, mit der eine ausgewählte Gruppe von Studierenden handeln darf.[13] Während des regulären Unterrichts widmete sich die Aufmerksamkeit einer kleinen Gruppe von Studenten, welche in den letzten beiden Reihen des Unterrichtsraumes saß, einem Kommilitonen mit Laptop. ›Der hat echt einen Lauf!‹, wird da anerkennend geraunt. Oder: ›Da fliegt die Kiste!‹ Der Spieler freute sich über seinen Erfolg, unterstützt von einer aggressiven Geste — er schlägt energisch mit der Faust in die flache Hand — rief er: ›Bämm, bämm, bämm!‹ Von vorne erwidert der Dozent: ›Wenn Sie schon traden, dann bitte leise!‹

Wer nach einer gewissen Zeit die besten Deals gemacht hat, also im internen Ranking die Spitzenposition behauptet, wird von der Bank eingeladen, mit echtem Geld zu handeln, um sich so für eine Anstellung als *Trainee*[14] zu qualifizieren. Dieses Spiel erfordert als von der Bank gewünschten Modus der Aufmerksamkeit permanentes Engagement von den Teilnehmern. Zusammengehalten werden die Motivationen der Studierenden und die Anforderungen der Banken und Unternehmen durch das große Versprechen: Das Versprechen eines luxuriösen Lebens bei geringer Arbeitsbelastung stellt ein Wesensmerkmal des Dispositivs *Managementausbildung* dar, das die Elemente des Dispositivs verklammert und ihnen Relevanz zuweist. Das Versprechen bedient sich der Hoffnungen, mit denen die Studierenden zur Selbstregierung im Sinne der Banken angeleitet werden und ermöglicht so die Inkorporierung der Unternehmensinteressen.

---

13 Für erfolgreich handelnde Studierende wird die Virtualität in einer zweiten Runde aufgehoben.

14 Trainee-Programme dienen als »Vorbereitungsphase für Nachwuchsführungskräfte. Hierbei werden Fach- und Hochschulabsolventen in 12- bis 36-monatigen *Trainee-Programmen* auf die Arbeit in herausgehobenen Positionen vorbereitet. Die i. d. R. über ein *Assessment-Center* ausgewählten Personen durchlaufen systematisch die verschiedenen Unternehmensbereiche in einem *Konzern*, wobei sie sich i. d. R. durch eine Mitarbeit in konkreten Projekten bewähren müssen« (Rittershofer 2009: 902).

4.2 Ehrgeiz und Engagement als praktisches Handeln

Die folgenden Beobachtungen zur Ausbildung des Managementnachwuchses geben einen Eindruck, wie in der BUSINESS SCHOOL versucht wird, über Programme des Selbstregierens die leistungsorientierten Vorgaben der Ökonomie für manageriales Handeln zu realisieren. Im Zentrum steht das praktische Handeln und die Entwicklung von Kompetenzen mit dem Ziel, die von der BUSINESS SCHOOL angebotenen Interpretamente des Berufs Manager zu integrieren und gegebenenfalls zu modifizieren.

Zum Zeitpunkt der Feldforschung befanden sich die Bachelor-Studenten im zweiten Fachsemester. In der frühen Phase des Studiums traten Differenzen zwischen den von der Schule formulierten Anforderungen und den von den Studierenden an die Schule herangetragenen Erwartungen auf. Während die Dozenten bemüht waren, den Studierenden die Systematik von Rechenoperationen zu erklären, reagierte der Großteil der Studenten, alle Anfang 20, mit offenbar geringem Interesse und teilweise bewusstem Stören des Unterrichts, wie etwa verspätetem Erscheinen. Es konnte der Eindruck entstehen, als ob bei einigen Dozenten der Beginn des Unterrichts von den Studenten bestimmt werde. Auch während der Unterrichtsstunden wurde der Raum von einigen Studierenden kurz verlassen. Als eine Klausur im Klassendurchschnitt schlecht ausfiel, kam es zu heftigen Diskussionen. Unter den Studierenden wurde der angeblich schlechte Unterricht als Grund für das schlechte Ergebnis ausgemacht. Wiederholt wurde geäußert, dass man an einer Privatuni hervorragenden Unterricht erwarten dürfe, man bezahle schließlich hohe Beträge für die Ausbildung. Als Reaktion auf den schlechten Klassenschnitt wurde von einigen Studierenden eine Beschwerde über die betreffende Lehrkraft vorbereitet und eingereicht.

Das generell unruhige und wenig kooperative Verhalten der Bachelor-Studenten zeigte sich auch im Umgang miteinander. Als beim Lösen einer Übungsaufgabe ein aktiv mitarbeitender Student eine Anmerkung zur Lösung machte und dazu eine Frage aufwarf, antwortete der Dozent, dass dieses Problem sehr gut beobachtet sei und einige Aufgaben später behandelt werde. Die Frage solle daher bitte ›geparkt‹ werden. Als der Student trotzdem noch einige Bemerkungen zur Frage hinterherschickte, wurde er deutlich und mit Nachdruck von den Studenten ermahnt: ›Ist doch geparkt!‹ Als wenig später die besagte Aufgabe gestellt wurde, war sie vom Plenum nicht zu lösen. Daraufhin wandte sich der Dozent an den Studenten, der die Frage zuvor aufgeworfen hatte. Auch dieser konnte keine Lösung anbieten. Einer der in der letzten Reihe sitzenden, passiven Studenten bewertete das Verhalten des aktiven Studierenden, indem er ins Plenum rief: ›Der hat das System nicht verstanden!‹ Während die Klasse lachte, kommentierte der Dozent diese Bemerkung mit den lobenden Worten: ›Das ist vorstandstauglich!‹

Die Master-Studierenden verhielten sich dagegen deutlich ruhiger. Sie erschienen pünktlich, verließen äußerst selten während des Unterrichts den Raum und führten währenddessen kaum Gespräche mit anderen Kommilitonen. Sie waren zurückhaltend und folgten dem Unterricht, zumeist den Blick auf ihre Unterlagen gerichtet. Die Folien aus den Präsentationen lagen den Studierenden als Reader ausgedruckt vor. Der Unterrichtsinhalt war demnach überall derselbe, ganz gleich, wohin sie ihre Blicke richteten. Offenbar wollten sie so wenig wie möglich versäumen. Im Umgang mit dem Unterrichtsstoff, den Dozenten und den Mitstudenten ließen die Master-Studierenden einen hohen Grad an Professionalität erkennen.

> »Man muss auf jeden Fall verdammt ehrgeizig sein, gerade an meiner Uni. Ich denke mal, dass du das auch schon beobachtet hast. Dass die Leute bei uns doch schon zielstrebiger sind, als an einer normalen Uni. Vermute ich mal! Eben dadurch, dass sie schon ein Auswahlverfahren hinter sich haben, dass schon alles abgecheckt wurde, wo die Motivation ist. Im

Unternehmen genau das gleiche noch mal. Und, ja, auch dass die Arbeitsbelastung eine ganz andere ist. Das steht man ohne ein bestimmtes Maß an Motivation und Ehrgeiz gar nicht durch. Ehrgeiz ist echt das wichtigste, glaube ich. Ja, so, jetzt setze ich mich — Also wie lange sitzen wir in der Uni? Elf Stunden? — elf Stunden in die Uni. Und danach mache ich noch zwei Stunden zuhause was. Das geht ja ohne Ehrgeiz nicht. Und ich glaub, wenn man ganz nach oben will in der Arbeit, dann bleibt man da halt auch zwölf Stunden sitzen und macht halt auch am Wochenende noch was« (Gespräch 6: Lars, BA-Student).

Der Ehrgeiz, von dem der Student spricht, kann auch als ein hohes Maß an Aktivität verstanden werden. Zwei Momente treffen hier aufeinander: ein vom Studierenden nicht beeinflussbarer Druck von außen und ein Subjekt, welches diesen Druck innerlich verarbeiten muss und dafür Begriffe wie Ehrgeiz verwendet. Es kann daher vermutet werden, dass mithilfe der Inanspruchnahme des Begriffes Ehrgeiz äußerer Druck in die Haltung Ehrgeiz transformiert wird. Auf die von außen an die Studierenden herangetragene Arbeitsbelastung reagieren diese mit der Aktivierung des Ehrgeizes. Auf diese Weise kann die Arbeitsbelastung ins Positive gewendet und für die Identitätskonstruktion in Anspruch genommen werden. Die Zeit an der Schule wird somit zu einer Herausforderung, die man zu bestehen hat, möchte man später im Beruf erfolgreich sein. Diese fordert von den Studierenden Härte gegen sich selbst. In der Literatur wird ein Aspekt des Neoliberalismus mit eben dieser Härte des Subjekts gegen sich selbst beschrieben: »Keine noch so große Anstrengung gewährt Sicherheit, aber wer es an Härte gegenüber sich selbst mangeln lässt, dem ist das Scheitern gewiss« (Bröckling 2007: 74).

Angesichts der hohen Stundenzahlen lässt die Aufmerksamkeit der Studierenden nach. Sie erleben so ihr eigenes Selbst als Konkurrenten, der sich (in einem Moment der Spaltung des Subjekts) zwischen das Wissen (welches dem späteren Erfolg entspricht) und dem (um Aufmerksamkeit ringenden) Selbst stellt. Das Selbst muss sich also durch besonderes Engagement überwinden. Was zugespitzt bedeutet, dass sich das Selbst im Wettstreit mit sich und auch mit anderen befindet. Vor allem mit zunehmender Berufserfahrung wird den Studierenden dies bewusst. Der Master-Student Karsten benennt die für ihn wichtigsten Eigenschaften, die man in seinem Beruf als Aktienhändler benötigt:

> »Das erste ist Durchhaltevermögen. Dann, in gewisser Weise auch, ja, wie kann man sagen — er muss gerne die Challenge lieben. Also er muss sich gegen andere durchsetzen können. Nicht nur durchhalten, sondern auch durchsetzen können. Weil das halt schon ein relativ unfaires Business ist. Also es wird sehr viel mit Ellenbogen gekämpft. Ich weiß nicht, ob das woanders auch so ist. Aber bei uns ist das so. Und — er darf nicht alles, was er macht, eins zu eins hinterfragen« (Gespräch 2: Karsten, MA-Student).

Wovon der Student hier spricht, kann mit Fach als das Erlernen der »Grammatik der Härte« bezeichnet werden, welche metaphorisch und konkret zugleich ist.[15] Von den Studierenden werden in diesem Zusammenhang wiederholt Vergleiche zu Wettkämpfen gezogen. Der Master-Student Karsten schildert sein kompetitives Umfeld:

> »Die Pyramide wird oben immer kleiner und nur einer sitzt dann ganz oben. Und dann wird es enger und deswegen wird hart um die Plätze gekämpft. Und das merkt man eindeutig. Es gibt ganz wenige, die da nicht mitspielen oder die sagen, ich kämpf da nicht mit. Die sind ganz schnell halt aus diesem System wieder draußen, weil man sagt, hey, der hat keinen Biss, der will gar nicht! Ja, dann braucht man den hier auch nicht« (Gespräch 2: Karsten, MA-Student).

So berichtet die Master-Studentin Marie von ihren Beobachtungen älterer Kollegen, für die der Wettbewerb körperliche Folgen hatte:

---

15 Prototypisch tritt die »Grammatik der Härte« in der Figur des amerikanischen Unternehmers der 1980er Jahre auf (Fach 2000: 114f.).

> »Die beiden, die mich ausgebildet haben, waren beide keine 30 und hatten beide einen Hörsturz gehabt. Und da habe ich auch so gemerkt, hm, die sind beide fast so alt wie ich, ja, ein bisschen älter, und die haben schon solche Sachen, mit denen sie sich rumschlagen müssen« (Gespräch 5: Marie, MA-Studentin).

Die Härte gegen sich selbst und gegen bestimmte andere, die Konkurrenten, bildet die eine Seite der Medaille, deren andere Seite die Kooperation im kollegialen Netzwerk ist. Und man darf nicht den voreiligen Schluss ziehen, dass die Härte als negativ erlebt wird, sondern sie kann auch mit Spaß verbunden sein (Fach 2000: 118). Dieses Zusammenwirken beschreibt der Master-Student Karsten:

> »Mein Biss äußert sich darin, dass ich mich nicht scheue vor Arbeit. Dass ich bereit bin, viel zu arbeiten, wenn das Ergebnis dann auch stimmt. Oder wenn man sagt, man wird dafür entlohnt, dass man viel macht, dann macht man das ja auch gerne. Und weil mein Biss nicht vordergründig irgendwie auf finanziellem Anreiz beruht, sondern weil ich sage, der Job macht mir Spaß. Ich mache nicht Banking, weil ich sag, da verdiene ich viel Geld. Sondern ich mache es, weil es mir Spaß macht« (Gespräch 2: Karsten, MA-Student).

Beide Studierende, Marie und Karsten, sind im selben Jahrgang. Sie verhandeln individuell ihre berufliche Umgebung und beziehen ihre Position. Dabei müssen sie einen gangbaren Weg zwischen verlangtem »Biss« und Selbstschutz finden. Diese Aushandlungen sind wohl in Managementkreisen keine Ausnahme, was nicht zuletzt die große Anzahl an Ratgeberliteratur und Coachings zur Stressbewältigung für Managementangehörige nahelegt. Für das Management ist folglich interessant, auf welche Weise Menschen mit enormen Stressbelastungen umzugehen lernen können.

> »Seit einigen Jahren untersuchen vor allem amerikanische Psychologen das Phänomen auch in der Welt des Managements. Sie entwickelten

zahlreiche Resilience-Programme, die Arbeitnehmern helfen sollen, im Arbeitsalltag besser zurechtzukommen« (Leitl 2010: 33).[16]

Das Wohlbefinden für das jeweilige Subjekt, im Sinne einer Stressreduktion, um ein ausgeglicheneres Privatleben zu erreichen, ist — wenn überhaupt — ein Nebeneffekt dieser Umstrukturierung. Das Ziel ist stattdessen, krisenhafte Abläufe in den Griff zu bekommen. Zu diesem Zweck muss der größte Unsicherheitsfaktor, der Mensch, der das menschliche Versagen als Anlage in sich trägt, besonders ausgebildet werden. Die Bewältigung von Stress ist somit Sache des Subjekts. Der Beruf des Bankers oder Managers ist mit einem enormen Workload verbunden, welcher die *Work-Life-Balance* (Genkova 2007: 229), also das ausgewogene Verhältnis von Arbeitszeit und Freizeit, aus dem Gleichgewicht bringen kann. Die Work-Life-Balance beschreibt ein Verhältnis, das Menschen befähigt, die beruflichen Anforderungen mit dem Familienleben in Einklang zu bringen, um dauerhaft im Beruf erfolgreich sein zu können (Genkova 2007: 229). Das Konzept der Work-Life-Balance ist ein Forschungskonstrukt aus der Organisationspsychologie (Genkova 2007: 230), in dem Glücksversprechen und Effizienzsteigerung zusammengedacht werden.

> »Um eine *Work-Life-Balance* zu garantieren, das heißt, um Beruf, Familie und individuelle Lebensplanung besser zu vereinbaren, wird ein flexibles Arbeitszeitmanagement angeboten, das aber wiederum zu einer stärkeren Bindung an die Firma führt und folglich oft mehr Selbstausbeutung bedeutet« (Genkova 2007: 229).

[16] Laut eines Artikels aus dem Magazin »Harvard Business Manager« bezeichnet der Begriff der »Resilienz«, neben ähnlichen Bedeutungen in Physik und Ökologie, die Fähigkeit von Menschen, großen Druck oder Stress ohne Schaden auszuhalten. Es geht darum, Manager in Krisensituationen handlungsfähiger zu machen, indem man ihre Denkprozesse umstrukturiert. Dabei wird in Trainings versucht, mit Fragen zur Präzisierung, Imagination und Kooperation eine Basis für die Analyse von Situationen ohne unproduktive Angst und Unsicherheit zu schaffen (Margolis, Stoltz 2010: 30-36 und Leitl 2010: 33).

Wie aus den Gesprächen mit den Studierenden der BUSINESS SCHOOL hervorgeht, treten körperliche und emotionale Belastungen häufig auf. Die Work-Life-Balance spielt somit bereits in der Studienzeit eine entscheidende Rolle. Für einige der Gesprächspartner war die Möglichkeit, die Work-Life-Balance thematisieren zu können, sogar ein Grund, sich für ein Gespräch zur Verfügung zu stellen.[17]

> »Ich hab auch mal einfach drüber nachgedacht, wie ist es denn dann später. Wie ist es denn in anderthalb Jahren, wenn ich fertig bin? Wie soll denn dann meine Work-Life-Balance aussehen? Momentan ist halt eher die Arbeit im Vordergrund. Also die Arbeit im Beruf und die Arbeit an der Uni. Und ich hoffe, dass es später irgendwie so ist, dass ich wenigstens noch zu Sport komme. Und eigentlich: Die Aussage ist schon schlimm« (Gespräch 5: Marie, MA-Studentin).

Bereits in der Ausbildung können die Studierenden dem Stress kaum mehr entkommen:

> »Eigentlich habe ich immer Druck. Es gibt keine Zeit, wo ich mal wirklich entspannen kann. Auch wenn ich mal vier Tage Urlaub hab und in STADT bin, denke ich trotzdem daran, was ich noch für die Uni machen muss und mach das auch dann« (Gespräch 6: Lars, BA-Student).

Bedingt durch den beruflichen Stress, der allgegenwärtig ist, verschwimmen die Grenzen zwischen Beruf und Privatleben. Nicht zuletzt wird das Privatleben ständig mit dem Berufsleben verglichen, wie etwa bei der Master-Studentin Marie:

> »Wobei ich glaube, dass diese Arbeitsmentalität oder Arbeitsmoral — ich weiß jetzt nicht, wie man es unbedingt nennen kann. Aber dieses dass man ständig versucht, perfekt zu sein. Ständig versucht, irgendetwas ganz Tolles zu machen. Ständig versucht, wirklich perfekt zu sein. Dass

[17] Bei der Vorstellung der Feldforschung vor der jeweiligen Klasse wurde auch die Work-Life-Balance angesprochen.

> das wirklich abfärbt auf das Privatleben. Beziehungsweise vom Berufsleben ins Privatleben« (Gespräch 5: Marie, MA-Studentin).

Den Studierenden ist zumeist bewusst, dass die Hoffnung auf ein geringeres Arbeitspensum unerfüllt bleibt. Um erfolgreich zu sein, müssen sie bereit sein, sich selbst auszubeuten. Diese Form der Selbstausbeutung bezieht sich sowohl auf die Arbeitszeit, als auch auf die eigene gesundheitliche Konstitution.

> »Man weiß schon im Vorfeld eigentlich, dass es gewünscht ist vielleicht oder zum guten Ton gehört, dass man eben lange arbeitet« (Gespräch 3, Maximilian, MA-Student).

> »Schwäche zeigen ist eigentlich eher so ein No-Go, was man nicht machen sollte. Wenn man halt krank ist, dann geht man eher doch hin, als dass man zu Hause bleibt. Weil man irgendwie das Gefühl hat, ja, das steht man jetzt durch. Oder das ist ja nur eine kleine Erkältung oder sonst was, da gehe ich jetzt hin. Weil man immer so das Gefühl hat, wenn man länger nicht da ist, dann verpasst man was. Oder dann ist plötzlich ein anderer an seinem Platz und man wird ersetzt oder so. Die Gefahr ist immer da! Und weil der Job halt recht unsicher ist, immer noch. Das kann schnell vorbei sein« (Karsten, MA-Student, 2).

> »Ich kenne viele, die eben nicht drauf hören oder die sagen, egal, ich bin krank und geh trotzdem zur Arbeit! Ich bin jetzt keine Memme oder so, aber wenn ich krank bin, bin ich krank. Ich geh jetzt auch mit Schnupfen zur Arbeit, aber wenn ich Fieber hab, geh ich nicht zur Arbeit« (Anna, MA-Studentin, 4).

Dieser Modus wird für das künftige Berufsleben als selbstverständlich gedacht. Die Drohung, jederzeit durch belastbarere und erfolgreichere Kandidaten ersetzt werden zu können, erzeugt eine Kulisse der Unsicherheit, vor der die Akteure ihr Handeln entlang betrieblicher Effizienz organisieren. Damit wird in der Realität das durchgesetzt, was in der Theorie als eines der wichtigsten Programme des Neoliberalismus benannt wird:

> »Entscheidend ist die Durchsetzung einer ›autonomen‹ Subjektivität als gesellschaftliches Leitbild, wobei die eingeklagte Selbstverantwortung in der Ausrichtung des eigenen Lebens an betriebswirtschaftlichen Effizienzkriterien und unternehmerischen Kalkülen besteht« (Lemke, Bröckling, Krasmann 2000: 30).

Diese autonome Subjektivität wird von neoliberaler Seite gerne auch unter der Strategie »Sei Unternehmer deiner Selbst« zusammengefasst. Oder auch »Sei aktiv! Nimm dein Leben in die Hand! Sei dein eigener Chairman« (Bröckling 2007: 282)! Damit vermögen es die Unternehmen, die Verantwortung für die Arbeitszeit und die Arbeitsbelastung auf der einen Seite und die Aufrechterhaltung der Work-Life-Balance auf der anderen Seite auf den Unternehmer seiner Selbst auszulagern. Die Unternehmer ihrer Selbst werden auf diese Weise zur Selbstsorge im Spannungsfeld von betrieblicher Effizienz und individueller Reproduktion verpflichtet.
Durch die Kulisse von Unsicherheit und die Verheißung eines attraktiven Gehaltes fördern die Banken die Selbstsorge ihrer Mitarbeiter, da für sie deren Selbstausbeutung und deren Ausgeglichenheit eine Gewinnmaximierung verspricht. Das hohe Arbeitspensum und der Stress werden so zu Signaturen des Managements.

> »Ich glaube, was wirklich mal ein Problem werden wird, ist, was ich so gehört habe aus der Bank, aus Bereichen, dass die Leute sagen, nach zehn Stunden stechen die sich aus, damit der Betriebsrat nicht meckert, und arbeiten weiter« (Gespräch 5: Marie, MA-Studentin).

Ho berichtet aus ihrer Feldforschung an der Wall Street:

> »Many investment bankers candidly informed me that Wall Street deliberately recruits college graduates straight out of the gate (not those who have taken time off) in order to pick the most eager, fresh-faced, driven, young, unattached analysts, so they can be worked to the breaking point« (Ho 2009: 89).

Ähnliche Arbeitsbedingungen macht Matthias auch für Investmentbanken im deutschsprachigen Raum geltend.

> »In dieser Investmentbank, wo ich einen extrem hohen Workload hatte, da habe ich 95 Stunden die Woche im Schnitt gearbeitet, 95 bis 100 Stunden. Was aber in einer Investmentbank üblich ist. Das ist zum Beispiel der Unterschied. In einer Filialbank gehst du um 16 oder 18 Uhr aus deiner Filiale und machst Feierabend und kommst morgens um acht oder neun. Da gehe ich um acht oder neun morgens rein und gehe nie vor nachts zwei oder drei Uhr. Und manchmal geht man danach auch noch feiern und trinkt mit Kunden und schläft vier Stunden oder geht duschen und geht wieder arbeiten« (Gespräch 1: Matthias, BA-Student).

Vor diesem Hintergrund wird das berufliche Umfeld von einigen Studierenden durchaus kritisch betrachtet. Die Zukunftsaussichten werden an den Kollegen abgelesen, wie etwa Master-Student und Aktienhändler Karsten ausführt:

> »Beobachten kann man das ja auch an der Altersstruktur im Kollegium. Quasi, dass die wenigsten über vierzig sind. Man fragt sich ja immer, wo sind die ganzen Alten? Was machen die? Entweder, der Älteste ist der Chef und der arbeitet einfach nicht mehr so viel und hat aber schon die zwanzig Jahre davor richtig geschafft. Oder die hören dann irgendwann vorher auf, weil sie zu alt sind oder ihnen der Job zu stressig wird und machen was Gemütlicheres. Oder hören ganz auf zu arbeiten. Oder machen sich selbstständig« (Gespräch 2: Karsten, MA-Student).

Karsten zieht für sich die Konsequenz, dass er bereits frühzeitig ein überdurchschnittliches Engagement an den Tag legen muss und ihm für die wichtigsten Karriereschritte nur ein kurzes Zeitfenster zur Verfügung steht.

> »Zwischen dreißig und vierzig ist es eigentlich schon zu spät. Man muss diesen Ehrgeiz schon in den letzten Semestern der Uni haben, damit man überhaupt den Job bekommt, damit man den Unternehmen zeigt, ich brenn, ich mach das für euch, ich hab Spaß dran. Ich glaube, dass du

> eher die Karriere bis dreißig machst, als danach. Zumindest in der Bank« (Gespräch 2: Karsten, MA-Student).

Die ersten Schritte auf dem Weg zur Top-Position verlangen dem Kandidaten viel ab. Dies kompensiert er durch die Imagination einer privilegierten Zukunft.

> »Also wenn man bei M&A normal einsteigt, als Analyst — was ich zum Beispiel gemacht hab — liegt man so bei, vier bis fünf brutto im Monat. Was aber, wenn man es auf die Stunde runterbricht, nicht viel ist. Ich mein, 4.000 brutto auf 400 Stunden, die man im Monat arbeitet, das sind zehn Euro die Stunde. Da kriegt wer, der bei McDonald's netto verdient, mehr. Ich mein, der Bonus am Ende ist, klar, schön. Ich meine, wenn du noch mal 50.000 in einem Monat draufkriegst, brutto. Das ist ja mal 27 netto als Gehalt, das ist halt schon was. Jeder wär halt gern mal Director später, weil: Die gehen den ganzen Tag nur schön essen, fahren schöne Autos, entspannen sich und machen die Deals am Ende und networken. Aber dafür musst du erstmal diesen Weg gehen. Dafür machen die Leute ihre 100 Stunden« (Gespräch 1: Matthias, BA-Student).

Es scheint, als wären diese Erzählungen und Argumentationsstrukturen Teile der Diskurse in Investmentbanken und würden gezielt zur Motivation von Berufsanfängern genutzt. Jene Argumentation findet sich fast identisch bei Karen Ho. In ihrer ethnografischen Studie »Liquidated« erzählt sie von der Einführungsveranstaltung der Investmentbank, bei der sie zu arbeiten begann.

> »The first day of orientation began with a decadent sit-down breakfast. Then a white male managing director in his late thirties [...] took the podium and shouted across the room, ›Show me the money!‹ ›You will be making more money than you ever dreamed possible,‹ he told the incoming MBAs, whereupon the audience stood up, pumped its fists, and cheered. ›Well, come to think of it,‹ he continued, ›some of you guys will probably get paid more flipping burgers at McDonald's. If you make fifty thousand a year, not including bonuses, and work over 100 hours a week,

> that amounts to below minimum wage.‹ His listeners snickered though they understood the joke. It would all pay off« (Ho 2009: 75f.).

Die Banken generieren das überdurchschnittliche Engagement ihrer Mitarbeiter durch die Kombination von Drohung und Versprechen. Für die Banken bedeutet die Einübung dieser Praxis vor allem eins: Einen schier unaufhörlichen Strom von jungen Mitarbeitern, die überdurchschnittlich lange und viel zu arbeiten bereit sind.

4.3 Konkurrenz und Kooperation: Verhalten im Netzwerk

> »Die Geschichte des Managements lässt sich in der Tat als eine ständige Verfeinerung der Instrumente zur Beherrschung der Unternehmensabläufe und seiner Umwelt begreifen« (Boltanski, Chiapello 2006: 120).

Ende des 20. Jahrhunderts wurde das New Management proklamiert, eine Verfahrensweise, die das Ziel verfolgte, mit weniger Hierarchie größere Unternehmen effektiv zu führen.[18] Da der einzelne Mitarbeiter nicht mehr umfassend kontrolliert werden konnte, benötigte das Unternehmen Strategien, um die Unternehmensziele in die agierenden Subjekte einzuschreiben. Die Ziele des Unternehmens sollten zu Zielen der Mitarbeiter werden. Auf diese Weise sollte der einzelne Mitarbeiter zum Kontrolleur seiner Selbst werden. In der Folge entstehe eine flache Hierarchie, die, so Boltanski und Chiapello, als Netzwerk angelegt, auf der wechselseitigen Kontrolle der Kollegen aufbaut. Was Foucault mit seinem Konzept der Gouvernementalität theoretisch ausgearbeitet hat, zeigt sich in aller Deutlichkeit auch in der Analyse der Managementliteratur.

---

[18] Die Idee des New Management wurde um 1990 formuliert. Sie umfasst u. a. folgende Aspekte: die Verschlankung von Unternehmensstrukturen, die Vernetzung der Beschäftigten, die Organisation der Arbeit in Team- und Projektform, das Berücksichtigen von Kundeninteressen (Boltanski, Chiapello 2006: 112, ohne Hervorhebungen).

»Zur ›Kontrolle des Unkontrollierbaren‹ existieren nicht eben viele Lösungen: De facto besteht die einzige Lösung darin, dass die Mitarbeiter *sich selbst kontrollieren*, was einer Internalisierung der Zwänge von äußeren Organisationsstrukturen durch die Mitarbeiter gleichkommt. Deren Kontrollkräfte müssen aber natürlich mit den fundamentalen Unternehmenszielen in Einklang stehen« (Boltanski, Chiapello 2006: 121).

Grundsätzlich lassen sich verschiedene Grade der Aktivität und des Engagements bei der Netzwerkgestaltung nachweisen, die sich an den Graden der Trennung von Beruf und Privatleben offenlegen.

»Also ich glaube, wenn du die nicht fließen lässt, kommst du nicht gut voran. Ich glaube, wenn du halt — du hast ja in der Regel nur Kontakt zu einer Hierarchieebene über dir im Job. Und wenn du dich da nicht mit deinen Chefs privat anfreundest, werden die dich ja vielleicht nie mitnehmen zu ihren Chefs. Also wirst du vielleicht nie denjenigen kennenlernen, der den Chefposten neu besetzt im Leben. Und das ist, glaube ich, so dieser Link, den man erstmal schaffen muss, auch, um auf so einen subtilen Weg zu kommen, dass du dich einfach so mit deinen Chefs anfreundest. Du musst eine gesunde Distanz haben, dass du auch im Job professionell zusammenarbeiten kannst. Weil wenn du zu privat bist, hast du schnell das Problem, du nimmst Kritik sehr persönlich« (Gespräch 1: Matthias, BA-Student).

Auf die Vermischung der Sphären verweisen auch Boltanski und Chiapello in ihrer Abhandlung über den neuen Geist des Kapitalismus.

»Die Unterschiede zwischen getrennten Sphären, wie z. B. zwischen Privat-, Berufs- und Mediensphäre, ignoriert er gewöhnlich. [...] Um sich auf die jeweilige Situation einzustellen, gleichzeitig man selbst zu bleiben und interessant zu wirken, bedient sich der Netzwerkmensch seiner *kommunikativen* Kompetenz, seines *umgänglichen* Charakters, seines *offenen* und *neugierigen* Geistes. [...] Dem Wertigkeitsideal der projektba-

> sierten Polis entsprechend, [ist er ein] Meister der Selbstkontrolle« (Boltanski, Chiapello 2006: 160).[19]

Ein weiteres Merkmal des Netzwerks zeigt sich im Unterlaufen des Leistungsprinzips durch außerberufliche Interessen, Neigungen und Fähigkeiten. Auch davon konnten einige Studenten berichten. Es gibt offensichtlich repräsentative Sportarten, die zum exklusiven Lifestyle der Banker gehören und zur Netzwerkpflege und Netzwerkerweiterung genutzt werden. Nicht selten sind diese exklusiven Sportarten bei Einstellungsgesprächen eine Hürde, die über Erfolg oder Nichterfolg entscheidet.[20] Zu diesen Sportarten gehören Golf, Tennis, Segeln oder Reiten. Master-Student Karsten, der nach eigenen Angaben sehr gut Golf spielen kann, berichtet:

> »Ich wusste das nicht, aber irgendwann im Nachhinein sagte mir mein Chef, dass das ein Einstellungskriterium bei uns ist. Wenn man Golf spielt. Man wird bevorzugt behandelt, wenn man es kann« (Gespräch 2: Karsten, MA-Student).

Hartmann argumentiert, dass es zuerst der passende Habitus und nicht die Leistung einer beruflichen Qualifikation ist, die den Zugang zu Managementpositionen ebnet (Hartmann 2002: 116ff.). So stellt alleine die habituelle Sicherheit im Umgang mit diesen Sportarten bereits eine effektive Selektion dar. Der oben genannte Master-Student wurde schon in Kindertagen von einem Freund zum Golfen mitgenommen und konnte so den Sport spielerisch erlernen. Gerade diese spielerische Aneignung sorgt für die nötige souveräne Lässigkeit eines Bewerbers:

---

19 Die Unterschiede beziehen sich auf den »Wertigkeitsträger der projektbasierten Polis«. Es handelt sich hierbei um einen möglichst perfekt angepassten Unternehmer seiner Selbst, der, weil er alle nötigen Anforderungen für den Erfolg im Netzwerk verinnerlicht hat und ständig anwendet, zu den erfolgreichsten Managern gehört (Boltanski, Chiapello 2006: 154ff.).

20 Ähnliches stellt Hartmann heraus (Hartmann 1996: 109ff.).

> »Sie macht den entscheidenden Unterschied aus zwischen denen, die qua Geburt dazugehören, und denen, die nur dazugehören wollen. Letztere versuchen zwar, sich den Habitus der ›besseren Kreise‹ anzueignen, aber gerade die Offensichtlichkeit ihres Bemühens diskreditiert ihr Verhalten« (Hartmann 2002: 125).

Die Studierenden wissen genau, dass ihnen ihre Sportarten helfen, bestimmte Türen zu öffnen.

> »Vielleicht habe ich da ein bisschen das Glück, dadurch dass ich schon sehr, sehr lang golfe und auch ganz erfolgreich mal gegolft habe, dass ich darüber schonmal ein großes Ansatzpotenzial hab für viele, wodurch man sich vielleicht auch einfach einmal wieder trifft. Und wenn es mal ist zum ne Runde Golf spielen oder Tennis spielen oder auch mal zum Segeln. Wenn man sich auf so einem privaten Level kennenlernt, ist es, glaube ich, deutlich leichter, geschäftlich zusammenzukommen« (Gespräch 1: Matthias, BA-Student).

4.4 Kulturelle Kompetenz und die Inszenierung des Globalen

Business Schools werben mit ihrer Nähe zur Wirtschaft. Diese Strategie basiert auf dem Ethos eines praktischen, ökonomischen Handelns, welches mit beruflichem Erfolg verknüpft wird. Business Schools sind daher bestrebt, den gängigen Diskursen der Ökonomie zu entsprechen. Da erfolgreiches Wirtschaften vor allem eine globale Orientierung verlangt (multinationale Konzerne, gewinnversprechende Emerging Markets in Schwellenländern), müssen die Narrativa der globalen Märkte glaubhaft in den Schulalltag eingebunden werden. In den Schulen werden zu diesem Zweck Diskurse der Globalisierung realisiert, die über eine inhärente Logik verfügen (wirtschaftlicher Erfolg ist Globalisierung und umgekehrt, wer nicht global denkt und handelt, weil er nicht dementsprechend ausgebildet wurde, kann nicht erfolgreich sein).

Im Bachelor-Studium der BUSINESS SCHOOL ist ein Auslandssemester Pflicht. Man kann es an einer der zahlreichen ausländischen Partner-Business Schools absolvieren. Gleichzeitig wählen zahlreiche Studierende aus aller Welt die BUSINESS SCHOOL für ihr Auslandsstudium aus. Die Präsenz der Austauschstudenten erzeugt die Vorstellung von Internationalität und Globalität. Wie Rolf Lindner in einem anderen Zusammenhang feststellte, sind es die Menschen, die einer Region ein unverwechselbares Ethos verleihen (Lindner 1993). Dies trifft auch auf den Campus der BUSINESS SCHOOL zu. Der Campus wird mit der Atmosphäre der Globalisierung aufgeladen. Durch die Internationalisierung des Schulalltags wird das erwünschte Image einer Nähe zu den globalen Wirtschaftsprozessen gestützt. Auf diese Weise werden die Diskurse der Globalisierung in der BUSINESS SCHOOL mit den Diskursen der Banken homogenisiert.

Business Schools positionieren sich nahe am Begriff der Globalisierung, bezeichnen sich als »Katalysatoren bei der Transformation lokaler und globaler Gesellschaften« (Iñiguez 2011: 124).

> »Business leaders generally understand each other and carry out their activities independent of their creed, political affiliation, ethnicity, culture, moral beliefs, or understanding of what constitutes the good life. There is no clash of civilizations in the business world. Good international business practices can be the means towards overcoming differences and misunderstanding between countries, and can also be the motor for regional and global integration. A major challenge for international business schools nowadays is the transformation of their students into ›cosmopolitan managers.‹ By this I mean persons who consider themselves citizens of the world and who are able to manage their companies effectively in multicultural contexts for the creation of wealth of their stakeholders and society. [...] The archetypal profile of a cosmopolitan manager prioritizes cross-cultural skills and understanding of diversity over traditional analytical capacities or technical knowledge« (Iñiguez 2011: 139f.).

Die Internationalität wird mit einigem Aufwand produziert und präsentiert, wie folgende Beobachtung verdeutlicht: Auf der Website der BUSINESS SCHOOL war in der Adventszeit ein kurzes Video mit Weihnachtsgrüßen von Austauschstudierenden in ihrer jeweiligen Muttersprache zu sehen. Internationalisierungstendenzen lassen sich selbstverständlich auch an staatlichen Universitäten und Berufsschulen nachweisen. Der Aufwand, mit dem die Inszenierung des globalen Wirtschaftens an der BUSINESS SCHOOL verfolgt wird, verweist jedoch deutlich auf die Strategie, die angebotene Ausbildung mit internationalem Flair aufzuladen, um sich von vorgeblich weniger modernen und weniger international ausgerichteten Einrichtungen abzugrenzen. Im gemeinsamen Wünschen einer frohen Weihnacht zeigt sich die große Bedeutung, die der Diversität und der Internationalität beigemessen wird.

Letztlich kann die Institution nicht bei solchen Initiativen stehen bleiben. Die BUSINESS SCHOOL muss, um ihre Kunden zufrieden zu stellen, in der Ausbildung dauerhaft realisieren, was in der Außendarstellung versprochen wird, nämlich eine explizit globale Orientierung. Die Realisierung der international ausgerichteten Ausbildung wird im Unterricht über zwei Wege erreicht: Zum einen wird ein besonderes Augenmerk auf Fremdsprachenkenntnisse gelegt, zum anderen werden Auslandssemester und Auslandspraktika angeboten.

Um Auslandspraktika bemühen sich vor allem die Master-Studierenden, da sie auf diese Weise Kontakt zu potenziellen Arbeitgebern aufnehmen können. Die Möglichkeiten, Erfahrungen im Ausland zu sammeln, sind vielfältig und führen die Studierenden u. a. nach London oder Bangkok. Während eines Auslandsaufenthaltes wird ein hohes Maß an kultureller Kompetenz erworben, welche die Studierenden der BUSINESS SCHOOL dazu befähigen soll, sich sicher und souverän in einem internationalen Kontext zu bewegen. Aufenthalte im Ausland gelten als Beleg für ein hohes Maß an Eigeninitiative

(Hartmann 1996: 109f.). Ferner können die Fremdsprachenkenntnisse, im besonderen das Wirtschaftsenglisch, verbessert werden und die kulturellen Kompetenzen der Praktikanten ausgebildet werden.

> »Auf einem fremden Markt kann sich auf Dauer schließlich nur derjenige durchsetzen und/oder behaupten, der die Spezifika des jeweiligen Landes begreift und sich schnell auf die dort herrschenden Gegebenheiten einzustellen vermag« (Hartmann 1996: 110).

Die besondere Bedeutung der Fremdsprachenkenntnisse lässt sich im Unterrichtsalltag beobachten. Das internationale Business-Englisch lernen die Master-Studierenden jeden Tag in den durchgängig englischsprachigen Lehrveranstaltungen. Alle wichtigen Begriffe für den Beruf sind somit präsent. An der BUSINESS SCHOOL gibt es darüber hinaus ein Angebot an Wahlpflicht-Sprachkursen. Das Erlernen von Fremdsprachen im Rahmen der Managementausbildung ist vor allem als Teil der Strategie[21] zur Steigerung der *employability* des Subjekts zu verstehen (Boltanski, Chiapello 2006: 139). Der Begriff bezeichnet das »Potenzial, über das die Menschen verfügen müssen, damit sie in Projekten eingebunden werden« können (Boltanski, Chiapello 2006: 139). Während die Fremdsprachenkenntnisse einerseits die Arbeitsabläufe verbessern sollen, dienen sie andererseits dazu, individuelle Wettbewerbsvorteile zu sichern. Wer mehr Sprachen spricht, mehr Auslandserfahrung nachweisen kann, wird gegenüber einem schlechter ausgebildeten Mitbewerber bevorzugt.

> »Je mehr Wettbewerb herrscht, desto mehr Gelegenheit haben die Akteure, ihr Handeln auf Wettbewerbsfähigkeit hin auszurichten. *Only competition makes competitive*« (Bröckling 2007: 107).

---

21 Foucault verweist auf die strategische Dimension des Dispositivs u. a. folgendermaßen: »Zuerst gibt es immer die Prävalenz einer strategischen Zielsetzung. In der Folge konstituiert sich das Dispositiv dann eigentlich als solches« (Foucault 1978: 121).

Für die besondere Konkurrenzsituation, die durch die Internationalisierung der Mitarbeiterrekrutierung über Business Schools entsteht, trifft dies in einem hohen Maße zu. Aus der Perspektive der Studierenden stellt sich die Situation folgendermaßen dar:

> »Wenn man sieht, wie viele Konkurrenten man hat — wie viele Konkurrenten man hat, die wirklich gut sind! Und die kommen ja nicht nur von hier, die kommen ja von überall, aus der ganzen Welt« (Gespräch 2: Karsten, MA-Student).

Einige Betroffene geben zu bedenken, dass es letztlich keine Garantie für den beruflichen Erfolg gibt. Paradoxerweise verschärfen die Anstrengungen aller die Wettbewerbssituation für die Beteiligten. Hieran zeigt sich, wie Machtstrategien ihren eigenen Zielen mitunter entgegenlaufen können, weil sie sich ihrer Kontrollierbarkeit entziehen. Für dieses konkurrenzverschärfende Verhalten gibt es keine Alternative.

> »Der Wettbewerb verbindet universelle Vergleichbarkeit und den Zwang zur Differenz; er totalisiert und individualisiert zugleich: Jeder Einzelne muss sich in der Verfolgung seines Nutzens mit allen anderen messen, und er kann seinen Nutzen nur in dem Maße steigern, in dem er sich von seinen Mitbewerbern abhebt und für sich beziehungsweise für das, was er in den Tauschprozess einbringt, ein Alleinstellungsmerkmal geltend machen kann« (Bröckling 2007: 106).

Ein weiteres Argument für den Besuch einer Business School ist das Angebot exklusiver Praktika, denn begehrte Praktika in der Wirtschaft sind in der Mehrzahl an bestimmte Business Schools gebunden.

> »Wenn du weißt, UNTERNEHMENSBERATUNG schreibt in der Unternehmensberatung hundert Praktikumsplätze fürs Jahr aus, kannst du davon ausgehen, dass zehn Stück frei vergeben werden und neunzig halt irgendwo vorab schon vergeben sind. Und dann musst du dich fragen, gut, 10000 Leute, die sich auf hundert Plätze bewerben wäre ein Prozent, 10000, die sich auf zehn Plätze bewerben, wären nur noch ein

Promille. Nehme ich mir raus, der Beste unter tausend zu sein oder der Beste unter hundert? Ist schon zehnmal so schwer, das ist halt was, so nüchtern ökonomisch betrachtet, das ist schon eine andere Hausnummer« (Gespräch 1, Matthias, BA-Student).

4.5 Unterrichtsinhalte. Wege zum souveränen Handeln in Managementpositionen

Mit dem Beruf des Managers verbinden sich eine ganze Reihe von Konnotaten, die für gewünschte Eigenschaften stehen und sich auf ein effizientes, sachliches, klares und souveränes Verhalten berufen (Bröckling 2000: 132). Um dieses Verhalten in der beruflichen Praxis zeigen zu können, bedarf es des Wissens darüber. Was muss ein künftiger Manager können und wissen, um erfolgreich im Beruf arbeiten zu können? Warum sollten sich Führungskräfte wie verhalten?
Zunächst einige Beobachtungen zu den Dozenten. Die Lehrkräfte verfügen über berufliche Erfahrung mit der Finanzbranche. Durch diese Berufserfahrung qualifizieren sie sich für eine Lehrtätigkeit an einer Business School, da diese Institution ihr Selbstverständnis aus eben diesem Praxisbezug bezieht. So betonen auch die Studierenden auf Nachfrage, dass die Dozenten gerade wegen ihrer Praxiserfahrung ein hohes Ansehen genießen. Die Lehreinheiten an der BUSINESS SCHOOL widmen sich allgemeinen und spezialisierten Themengebieten der Betriebswirtschaftslehre und der Finanzbranche. Im Bachelor-Studiengang werden unter anderem Veranstaltungen zu Finanzmittelmärkten, externem Rechnungswesen und Controlling angeboten. Ergänzt werden diese Veranstaltungen durch Einheiten im Handelsrecht und Sprachkurse. Bei den spezialisierten Master-Lehrveranstaltungen handelt es sich um Vorlesungen zur Wirtschaftsethik, sowie um Seminare zur Berechnung von Kreditrisiken und zu Managementabläufen.

Eine Unterrichtseinheit handelte von der Wirtschaftsethik.[22] Das Treffen von Entscheidungen im Management beruht sowohl auf betriebswirtschaftlichen Abwägungen, als auch auf Überlegungen zum Umweltschutz und zum Umgang mit Mitarbeitern und Kunden. Die Frage nach dem richtigen Handeln im Management zieht also komplexe Überlegungen nach sich. Das Hauptproblem bei der Entscheidungsfindung wurde in der Lehrveranstaltung folgendermaßen beschrieben: Ethische Grundsätze aus der Moralphilosophie seien im Geschäftsleben oft nur schwer anwendbar. Auch wenn in den meisten Unternehmen etablierte ethische Standards vorherrschten, dienten sie letztlich kommerziellen Zwecken.

Während des Geschäftsalltags werde es, so der Dozent, zu einer Vielzahl von Situationen kommen, die bewertet werden müssten und in denen sich die Frage nach dem angemessenen Handeln immer neu stelle. Für den Manager seien Situationen und Ereignisse grundsätzlich unvorhersehbar. Das Management benötige daher ethische Grundsätze, um den unerwarteten Situationen begegnen zu können. Gerade die Unternehmensleitbilder würden in dieser Hinsicht jedoch zumeist vage und unbestimmt bleiben. Und es kämen weitere Faktoren hinzu, die das Handeln des Managers erschwerten, da die Ziele einer Gesellschaft überaus vielfältig seien und mitunter sogar widersprüchlich, wie u. a. der nordamerikanische Ökonom Milton Friedman[23] betont habe. Ein Manager könne daher gar nicht wissen, wie er sich verhalten soll. Sicherlich stünde er in Verantwortung gegenüber der Umwelt und den Beschäftigungsverhältnissen der Angestellten des Unternehmens. Doch schon bei der diese Punkte thematisierenden

22 Bedingt durch den kurzen Beobachtungszeitraum von drei Wochen, und da die Feldforschung zu Beginn des Semesters durchgeführt wurde, konnte nur eine Vorlesung zur Wirtschaftsethik besucht werden, die zudem einleitenden Charakter hatte.

23 Mit »Capitalism and Freedom«, Chicago 1962, gilt Milton Friedman als wichtiger Ideengeber des Neoliberalismus.

CRS, der Corporate Social Responsibility[24] bzw. unternehmerischen Sozialverantwortung, gäbe es gelegentlich Widersprüche. Was könne einem Manager also stattdessen als Grundlage bei der Entscheidungsfindung dienen? Der Dozent lieferte auf die Frage folgende Antwort: Der Manager müsse auf Signale der Märkte achten, sich beispielsweise Preisentwicklungen genau anschauen. Letztlich laufe alles auf die Profitmaximierung hinaus. Denn einzig die Profitmaximierung sei das Ziel, auf das sich alle einigen könnten und welches so dem Schutz des Allgemeinwohls diene. Diese Position gelte daher als die am weitesten verbreitete Position im »Business«. Als Gegenposition könne der Ansatz des nordamerikanischen Wirtschaftsphilosophen R. Edward Freeman[25] betrachtet werden, welcher die Stakeholder, d. h. die vom unternehmerischen Handeln direkt und indirekt Betroffenen, in den Blick rücke und somit die bestimmenden Faktoren bei Managemententscheidungen um Aspekte langfristigen Wirtschaftens erweitere.

Praktische Anleitungen für das richtige Managementhandeln lassen sich nach Aussage des Dozenten aus den Erkenntnissen herleiten, welche in Business Games oder Behavioral Economics experimentell ermittelt werden könnten. Studenten nehmen in der Laborsituation des Spiels verschiedene ökonomische Rollen ein. Dabei könne man dann erkennen, dass derjenige, der beim Maximieren des Profits am rücksichtslosesten vorginge, letztlich verliere, es also eine gute Idee sei, die Geschäftspartner fair zu behandeln.

---

24 Das Konzept der Corporate Social Responsibility wurde in den 1980er Jahren als Gegenposition zum Shareholder Value entwickelt. Themen wie Umweltschutz und soziale Fragen sollten also die Managemententscheidungen ebenfalls beeinflussen. Der zentrale Begriff ist der auf langfristiges Wirtschaften ausgerichtete Stakeholder Value (Rittershofer 2009: 208, 847f.).

25 R. Edward Freeman hat mit »Strategic Management. A Stakeholder Approach«, Boston 1984, die Positionen des Neoliberalismus kritisch bearbeitet.

Weiterhin erklärte er, dass Märkte die mit Abstand besten Mittel seien, um den allgemeinen Wohlstand zu heben. Bewiesen werden könne dies mit dem sogenannten *market clearing price* und dem *equilibrium price*. So könne mathematisch aufgezeigt werden, dass sich die Marktpreise um einen bestimmten Richtwert gruppieren, welcher ohne die Marktsituation nicht entstanden wäre. Das Ausbleiben dieses Richtwertes hätte jedoch für einen Großteil der Marktteilnehmer schlechtere Geschäfte zur Folge, weil es überhöhte oder zu niedrige Preise nach sich ziehe. Der Markt und seine Preise begünstigten demnach alle Teilnehmer — wenn auch nicht zu gleichen Teilen.

Um die Erklärung der Marktsituation anschaulicher zu gestalten, bediente sich der Dozent der aus Daniel Defoes Roman »Robinson Crusoe« bekannten Konstellation von Crusoe und Freitag auf einer entlegenen Insel. Mit begrenzten Ressourcen müssten sie das Bestmögliche aus ihrer misslichen Lage machen. Als prototypische Marktteilnehmer seien sie gezwungen, wirtschaftlich zu handeln. Mittels der Abstraktion einer Zwangslage ohne Fluchtmöglichkeit wird der kooperierende Handel zwischen zwei spezialisierten Akteuren thematisiert. Ohne Handel und Kooperation, da lassen die Rahmenbedingungen der Geschichte keinen Zweifel, wäre ein Überleben wenn überhaupt, nur eingeschränkt möglich. In der vom Dozenten stark abgewandelten Geschichte spezialisiert sich dagegen einer der Protagonisten auf das Bierbrauen, der andere sorgt für die Steakproduktion. Das Leben auf der Insel werde hierdurch erträglicher und lasse sogar einige Annehmlichkeiten zu. Das Ziel sei nun die optimale Produktion von Bier und Steaks auf der Basis begrenzter Ressourcen. Wie dieses Ziel erreicht werden könne, wird mit komplexen Rechenoperationen (wie etwa Wechselkursrechnungen zwischen Bier und Steaks) dargestellt. Der Dozent will durch die Berechnungen nachweisen, dass es für beide von Nachteil sei, auf den Markt zu verzichten, oder ihr je eigenes Interesse zu verfolgen. Die Akteure seien durch das Markthandeln eindeutig besser gestellt.

Erzählungen dieser Art sind in den Wirtschaftswissenschaften keine Seltenheit. Die Ausgangslage dieser abgewandelten Robinson-Geschichte, einer sogenannten Robinsonade, umfasst, wie in dem beobachteten Fall, zumeist Crusoe und Freitag als wirtschaftliche Akteure auf einer einsamen Insel mit begrenzten Ressourcen. Die Gattung der Robinsonade stellt nach Stäheli die »Urszene eines modernen, individualistischen Ökonomieverständnisses« (Stäheli 2008: 307) dar. Sie kann grundsätzlich als Strategie zur Legitimierung der Marktsituation interpretiert werden.

Weitere Aspekte der Wirtschaftsethik verweisen auf die Zeithorizonte bei Geschäftsbeziehungen. Dabei müssten längerfristige Geschäftsbeziehungen gegen kurzfristige abgewogen werden. Ein Aspekt, der für längerfristige Vertrauensverhältnisse spräche, wäre z. B., dass bestimmte Waren nur zu einem bestimmten Zeitpunkt lieferbar seien und gegenseitiges Vertrauen zwischen Käufer und Verkäufer beiden helfen könnte, die ungewisse Zukunft besser zu meistern. Dagegen verhinderten langfristige Handelsbeziehungen ein schnelles Reagieren auf neue Marktchancen. Maximale Profite könnten so mitunter nicht realisiert werden.

Das unterrichtete Wissen an der BUSINESS SCHOOL ist vor allem ein mathematisches Wissen. Ein Großteil des Unterrichts widmet sich dem Berechnen von betriebswirtschaftlichen Formeln. Der Dozent stellt eine betriebswirtschaftliche Aufgabe und die Studierenden beginnen, sie auszurechnen. Dies dauert für gewöhnlich einige Minuten, in denen die Studierenden rechnen und sich mitunter mit dem Sitznachbarn über die Lösung beraten. Bei eventuellen Schwierigkeiten hilft die Lehrkraft am Platz. Nachdem der Großteil der Studierenden die Aufgabe abgeschlossen hat, wird sie im Plenum besprochen und der Lösungsweg an die Tafel geschrieben. Anschließend wird die

nächste Aufgabe gestellt, welche etwas schwieriger ist. Hierzu wird in der Regel ein zusätzlicher Faktor in die Kalkulation einbezogen. Ein Beispiel: Wurden in der ersten Aufgabe die Kosten für die Verpackung eines Schokoladenosterhasens berechnet, müssen in der Folgeaufgabe die Kosten für ein Schleifenband berücksichtigt werden. Obwohl alle Studenten ihre Ausbildung in Banken absolvieren, bzw. bei einer Bank arbeiten, sind die meisten Beispiele im Bachelor-Studium aus der Unternehmenspraxis und nehmen so Bezug auf die Produktkalkulation. Auf Nachfrage erklärte ein Dozent, dass diese Beispiele der Anschaulichkeit dienen sollten, da die echten Finanztransaktionen, wie sie in der Bank stattfänden, zu abstrakt seien.
Die Aufgaben der Studenten im Quantitative Master-Studiengang widmen sich dagegen komplexen Finanzprodukten und sind deshalb weitaus abstrakter als die Aufgaben der Bachelor-Studenten. In der Lehrveranstaltung »Credit Risk Management« wird beispielsweise berechnet, wie Banken im Fall von Zahlungsausfällen mit Kreditrisiken (*credit risks*) umgehen. Diese Finanzprodukte sind komplexe mathematische Gebilde, welche für Nichtmathematiker nur schwer nachvollziehbar sind — selbst innerhalb der Banken.

> »In Banken ist es ja immer mehr so, dass Mathematiker gefordert sind, um ein Produkt lukrativ oder mit einem gewissen *profit* auszustatten« (Gespräch 3: Maximilian, MA-Student).

Einige Unterrichtsinhalte sollen an dieser Stelle umrissen werden. Im Zuge der Berechnung von Kreditrisiken wird mit Blick auf sog. *ratings* die Kreditwürdigkeit eines Landes, eines Unternehmens oder eines Privatkunden errechnet. Nach dem System von Standard & Poors, einer der einflussreichsten Ratingagenturen, werden bestimmte Kategorien verliehen. Die AAA-Ratings sind die sichersten, sie garantieren die ›beste Kreditqualität‹, wie der Dozent erklärte. In weiteren Abstufungen, von BBB bis hin zu D, welche als unterste Kategorie bereits Zahlungsausfälle (*default*) dokumentiert, böten die Ratings eine gewisse Sicherheit für Investoren, gleichzeitig seien sie aber auch nicht allzu transparent. Die größte Herausforderung bei der Berechnung von Kreditrisiken sei es, vernünftige Modelle zu entwickeln, mit denen eine Wahrscheinlichkeitsverteilung von Verlusten bestimmt werden könne. Für die Kalkulation der sog. Kreditlinie (*credit line*) wird innerhalb eines Zeitrahmens (*time frame*) die Wahrscheinlichkeit berechnet, mit der der Kredit zurückgezahlt werden kann. Es wird ebenfalls berechnet, ab wann Unternehmen zahlungsunfähig werden.

Mit der Vorstellung des *Merton model* wurde der Wert einer Firma angesprochen. In der Praxis, so der Dozent, bestimme sich der Wert einer Firma über den tagesaktuellen Kurswert. Der Wert der Firma setze sich aus den Schulden (aus Krediten der Firma) und den an der Börse gehandelten Aktien zusammen. Der fakultative Verkaufswert und die zu begleichenden Schulden bestimmen den Firmenwert. Der Firmenwert ist für die Vergabe von Krediten äußerst wichtig, da er Auskunft über die Handlungsfähigkeit des Unternehmens gibt. Damit diese Berechnungen jedoch stimmig sind, müssen noch eine ganze Reihe weiterer Faktoren berücksichtigt werden. So besitze eine gewisse Geldsumme nach einem Jahr eventuell weniger Kaufkraft, obwohl sich der Betrag rein zahlenmäßig nicht verändert habe. Die Prognosen zum Kreditverlauf könnten auch durch unvorhergesehene Ereignisse obsolet werden. Deshalb seien manageriale Modelle im Kreditwesen immer in der Dialektik von Rückschau und Vorschau zu konzipieren.

Die ebenfalls beobachtete Lehrveranstaltung »Corporate Finance« aus dem *Finance*-Masterstudiengang widmete sich der Finanzierung von Unternehmen. In dieser Lehrveranstaltung lernen die Studierenden die je nach Branche unterschiedlichen Zusammensetzungen der Kapitalstruktur von Unternehmen kennen. Dieses Wissen über die Besonderheiten bestimmter Finanzierungsstrategien ist für die Studierenden unerlässlich, um im Beruf gegenüber Firmen und Unternehmen beratend tätig zu werden. Wie von der Lehrkraft ausgeführt wurde, basieren die Kapitalstrukturen von Computerfirmen demnach nur zu einem geringen Teil auf Krediten, während Finanzunternehmen in einem deutlich größeren Umfang auf Kreditfinanzierungen zurückgreifen. Das Wissen über die Finanzierungsstrategien ist für die Studierenden auch deshalb von besonderer Relevanz, da sie so die Entscheidungen der Unternehmensführungen antizipieren können. Es besteht die Gefahr, dass diese in ihr Unternehmen übermäßig investieren und dann diese Investitionen nicht mehr über das operative Geschäft kontrollieren können. Das finanzielle Risiko für das Unternehmen wird dann auch zu einem Risiko für die kreditgebende Bank und für die Shareholder. Erfahren die Shareholder von den finanziellen Schwierigkeiten, ziehen diese sich möglicherweise aus der Unternehmensbeteiligung zurück und verkaufen in einem *cashing out* ihre Aktien. Dies führt zu einem Abfallen des Kurswertes, damit zu einer weiteren Wertminderung des Unternehmens und zur Verschärfung der finanziellen Lage. Bei den Überlegungen zur Unternehmungsfinanzierung spielen die Wahrscheinlichkeiten bestimmter Ereignisse eine entscheidende Rolle. Vor allem die künftigen Erträge eines Unternehmens sind nicht bekannt, können aber geschätzt und mit einiger Wahrscheinlichkeit über entsprechende Modelle berechnet werden und bei dem Ermitteln einer optimalen Unternehmensfinanzierung behilflich sein. Damit zeigt sich, wie bedeutsam Unternehmensprognosen für die Banken sind. Die dafür notwendigen Modelle und Rechenoperationen werden an der BUSINESS SCHOOL u. a. in dieser Lehrveranstaltung gelehrt.

Ähnliches lässt sich aus Beobachtungen der Lehrveranstaltung »Principles of Management Accounting« (*Finance*-Masterstudiengang) ablesen. Um Entscheidungen treffen zu können (*decision-making*), bedarf es der vorherigen Analyse von Daten. Auf die Frage eines Dozenten, ob Manager das Risiko eher suchen oder abwenden würden, antworteten die Master-Studierenden mehrheitlich, dass diese das Risiko suchten. Mit dieser Antwort war der Dozent nicht zufrieden. Das Problem liege tiefer. In der Industrie würden Manager versuchen, Risiken abzuwenden oder vermeiden, sie einzugehen. In der Finanzbranche dagegen würden Manager bewusst hohe bis zu hohe Risiken suchen, um kurzfristige Profite zu generieren. Doch was machen die *risk-seeker* der Finanzbranche anders? Anhand sog. *risk return trade offs* können die Manager berechnen und in Grafiken darstellen, dass sich Profite steigern lassen, wenn sie höhere Risiken eingehen. Anders würden dagegen die Manager aus der Industrie agieren, führt der Dozent aus. Sie müssten Konzerne, Fabriken und Betriebe leiten. Das hielte sie davon ab, kurzfristig zu denken. Erfahrungsgemäß seien langfristige Managemententscheidungen oft die besseren, da risikoreiches Verhalten den beteiligten Unternehmen schaden könne.

Wie mit Risiken umgegangen werden kann, wird im Unterricht gelehrt. Eine Methode ist das Anfertigen von *decision-trees*, von Baumdiagrammen, in denen die verschiedenen Handlungsoptionen graphisch dargestellt werden und die jeweiligen Profite eines Astes berechnet werden können. Nachdem der Weg zum höchsten Profit ermittelt wurde, müssten die Verästelungen des Baumdiagramms in manageriale Handlungen umgesetzt werden. Es sind folglich Schnittstellen von Planung und Umsetzung nachweisbar. Was keinesfalls verwundert, denn bei aller Virtualität und Abstraktion wäre es letztlich irritierend, wenn das Management auf die tatsächlichen Begebenheiten keine Rücksicht nehmen müsste. Es ist daher das Ziel der Ausbildung, den Studierenden zu vermitteln, wie sich Theorie und Praxis im Management verbinden lassen.

Dies wurde u. a. in der Lehrveranstaltung »Controlling« (*Finance*-Masterstudiengang und Bachelorstudiengang) umgesetzt.[26] In der Berufspraxis werden im Controlling Planungen und die tatsächlichen Entwicklungen in Relation gesetzt. In einer Abweichungsanalyse wird anschließend eine Wirklichkeitskontrolle durchgeführt. Das Unvorhersehbare tritt in Form des sich ständig ändernden Preises auf und macht sowohl Kalkulationen zu Investments als auch zur Kreditvergabe problematisch. Auf den Märkten können sich Nachfragen zu Aktien oder Produkten unvermittelt ändern. Ein unvorhersehbares Ereignis wie eine Naturkatastrophe oder ein Terroranschlag kann ganze Märkte beeinflussen. Niemand vermag es, genau zu sagen, wie sich die Marktpreise verändern und wie sich Zinssätze, Kredite und Wechselkurse entwickeln werden. Manageriale Entscheidungsfindung wird zu einem großen Teil auf das Erlernen des von einem Dozenten so bezeichneten ›Überblicksblickes‹ fokussiert. Master-Student Julian bemerkt:

> »Das Wichtigste ist, dass man Informationen aufnehmen kann, separieren kann, was ist in den Informationen wichtig, was ist jetzt nicht so wichtig. Und dann den wichtigen Teil eben analysieren und abzuleiten, was ist jetzt da für mich, für das Team, für die Bank das Entscheidende, was dabei herauskommen sollte. Was sind die Veränderungen, die uns betreffen« (Gespräch 7: Julian, MA-Student).

Es ist die Suche nach geeigneten Vorhersagemodellen künftiger Wirtschaftsentwicklungen, welche in Kalkulationen und Graphen erkenn-

---

26 Controlling bezeichnet ein in »den 30er Jahren in den USA entwickeltes Führungsinstrument zur Koordination und Kontrolle unternehmerischer Zielvorgaben. In seiner heutigen Form umfasst es Aufgaben der Auswertung, Bereitstellung und Erläuterung von Informationen aus dem betrieblichen *Rechnungswesen*, der Umsetzung dieser Informationen als Kontroll-, Beratungs- und Steuerungsinstrument für die kurz- und mittelfristige Planung sowie einer ›Vordenkerrolle‹ für die *Strategische Unternehmensführung*« (Rittershofer 2009: 205).

bar werden und die Ausbildung an der BUSINESS SCHOOL zu großen Teilen bestimmen. Mit der Berechenbarkeit von Entwicklungen wird versucht, die komplexen Wirtschaftsprozesse besser zu verstehen. Im Unterricht wird hierzu die Anzahl der bestimmenden Faktoren überschaubar gehalten. Dieser Ansatz, welcher sehr wichtig für die Ausbildung managerialer Fähigkeiten scheint, schlägt sich tief in der Aufgabenstruktur nieder. Bei allen beobachteten Rechenaufgaben gelten folgende Grundsätze: 1) Die Aufgaben sind absolut logisch, d. h. sie sind mathematisch korrekt und somit lösbar, sie lassen immer nur eine Option in der Entscheidungsfindung zu. Auch nach den nur vereinzelt auftretenden Diskussionen wird am Ende immer nur eine Option als ökonomisch sinnvoll bewertet. Von zwei Optionen ist also immer eine falsch, es gibt eine quasi binäre Struktur der Aufgaben. 2) Im Sinne einer Komplexitätsreduktion wird in den Aufgaben nur eine begrenzte Anzahl an Faktoren geltend gemacht. 3) Die Aufgaben sind zudem systematisiert. Die Lösungsschritte erfordern eine systematische Abfolge, von der nicht abgewichen werden darf.

Die Geldbeträge in den Beispielaufgaben sind in der Regel der beobachteten Fälle und Studiengänge in Millionenbeträgen angegeben. Diese Werte seien bewusst so hoch gewählt, um die Studierenden an hohe Geldbeträge zu gewöhnen, wie ein Dozent auf Nachfrage erklärte. Es wäre nicht unwahrscheinlich, dass die jetzigen Bachelor-Studenten tatsächlich in einigen Jahren mit solchen Geldbeträgen agieren müssten, gerade wenn sie bei kleineren Banken oder in Unternehmen arbeiten würden, bei denen ein Mitarbeiter hohe Buchungen allein vornimmt. Bei großen Banken kontrollierten sich die Mitarbeiter hingegen untereinander, wodurch vermieden werde, dass einzelne Angestellte hohe Summen alleinverantwortlich verbuchen müssten. Eine Gewöhnung an entsprechend hohe Geldbeträge sei jedoch in jedem Fall nötig.

> »Zahlen spielen schon immer eine bedeutende Rolle. Ich meine, gerade wenn man in der Praxis dann Kredite sieht, wie die Millionen dann fließen; klar hat man dann ein ganz anderes Zahlenverständnis als jetzt, wenn man sein eigenes Konto betrachtet« (Gespräch 3: Maximilian, MA-Student).

Für den eigenen Kapitalbedarf agieren die Investmentbanken mit gewaltigen Geldsummen an den Aktienmärkten. Zu diesem Zweck unterhalten sie ganze Etagen, *Trading Floors*, welche mit hunderten hochmodernen Computerarbeitsplätzen ausgestattet sind (Ho 2009: 81). Master-Student Karsten, welcher als einziger der Studierenden als Aktienhändler arbeitet, beschreibt den alltäglichen Umgang mit sehr hohen Geldbeträgen in seinem Beruf:

> »Jeder Fehler kostet Geld. Und da ist mein Chef, der ist halt ziemlich streng. Da wird es manchmal ein bisschen laut, ja auch. (stockt) Das ist halt, ja auch, da merkst du dann halt, hey, klar, hier gehts um viel Geld und du musst halt richtig aufpassen« (Gespräch 2: Karsten, MA-Student).

Das Gefühl für die hohen Geldbeträge scheint sich aber nur bei verlustreichen Spekulationen und der darauf folgenden Ermahnung durch den Vorgesetzten einzustellen. Auf Nachfrage erklärt Karsten weiter, dass man sich im Arbeitsalltag über die Summen keine großen Gedanken machen würde und der Respekt vor ihnen abnehme:

> »Am Anfang ja, da hast du so großen Respekt. Aber im Endeffekt sind es nur irgendwelche grüne und rote Tasten und für dich ein paar Telefongespräche und so. Und ob du das ganze dann mit zehn Euro machst oder mit zehn Millionen, das ist im Endeffekt nichts anderes. Da sind ein paar Nullen mehr dahinter, aber du hast das Geld ja nicht zum Fas-

sen da, das ist einfach nur auf deinem Bildschirm und ändert dann die Richtung oder den Besitzer« (Gespräch 2: Karsten, MA-Student).[27]

Es geht auch um den Abbau von Hemmschwellen und um die Etablierung eines grundsätzlich risikofreudigen Handelns, wie Master-Student Karsten bemerkt:

»Das ist Pool-Geld. Das ist so hin und her geschoben. Fünfmal um den Globus rum am Tag — aber man siehts ja nicht« (Gespräch 2: Karsten, MA-Student)!

Das Wissen um die Virtualität wird zusätzlich durch die am Trading beteiligten Objektivationen unterstützt. Die Bildschirme, Telefone und die Bloomberg-Tastatur bilden die Schnittstelle zur Virtualität, gleichzeitig reduzieren sie die Realitätswahrnehmung. Die Handhabung der Trades erklärt der Master-Student Karsten mit Hinweis auf diese Tastatur:

»Die hat halt ganz viele kleine *hot keys* — die muss man eigentlich auswendig können. Wenn man die Taste ›f8‹ drückt, dann ist man im *Equity*-Menü und dann muss man halt noch drei Buchstaben für, sagen wir mal, die Siemens-Aktie eingeben und dann hat man noch einen Kauf- und einen Verkaufskurs und dann kann man sich noch die Tasten belegen mit, was weiß ich, zehn, hundert, tausend — die Stückzahlen. Was weiß ich, gibt man ›fünf‹ und die Tausender ein, dann hast du fünftausend Stück. Und dann drückst du auf deinen Kaufkurs und dann — das geht halt ganz schnell« (Gespräch 2: Karsten, MA-Student)!

Hierin zeigt sich die Machtfülle des virtuellen Marktes, der anders als der reale Markt mühelos und schnell auf Veränderungen reagieren

---

[27] Mit den grünen und roten Tasten sind die Tasten der sog. Bloomberg-Tastatur gemeint, mit der, in Verbindung mit computergestützten Handelssystemen, Aktienorders zügig durchgeführt werden können. Der Arbeitsplatz eines Aktienhändlers besteht zumeist aus vier bis sechs Bildschirmen mit Kursdaten, Telefonen und dieser Tastatur.

kann. Dieses Prinzip der Machtgenerierung ist charakteristisch für das Handeln in der Finanzbranche.
In der Ausbildung von Managern soll der Informationsstand der (herzustellenden) Subjekte so verändert werden, dass Machteffekte eintreten können. Für das Management gilt daher in besonders zugespitzter Form:

> »Machtbeziehungen [...] laufen zu ganz erheblichen Teilen über die Erzeugung und den Austausch von Zeichen, und auch vom zweckrationalen Handeln sind sie kaum zu trennen, seien es nun solche Handlungsformen, die erst die Ausübung dieser Macht ermöglichen (wie die Techniken der Abrichtung, der Herrschaft und der Sicherung von Gehorsam), oder solche, die zu ihrer Entfaltung ihrerseits auf Machtbeziehungen zurückgreifen (etwa in der Arbeitsteilung oder in der Hierarchie der Aufgaben)« (Foucault 2007a: 94).

Die Machteffekte der Mathematisierung sind von Autoren wie Foucault und Bourdieu wiederholt angesprochen worden. Bourdieu beschreibt die Unterstützung kalkulierender Handlungen im Kapitalismus durch mathematische Logik folgendermaßen:

> »Grundprinzip aller genannten Verkehrungen des Weltbilds ist nichts anderes als die Entwicklung und Aneignung von Rechenhaftigkeit bzw. eines kalkulierenden Denkens. Man muß sich davor hüten, letzteres mit der sicherlich universellen menschlichen Fähigkeit des Rechnens und Berechnens zu verwechseln« (Bourdieu 2000: 17).

Ihre Erkenntnisse lassen sich auch auf die Macht des Managements anwenden. Demnach basiert die Macht des Managements zu einem großen Teil auf der Mathematisierung. Nur weil beide, Mathematik und Ökonomie, bzw. Mathematiker und Ökonomen, mit Zahlen und Formeln operieren, bedeutet das nicht, dass die Ökonomie gleichsam apodiktisch wie die Mathematik ist oder dass jede kalkulierte Managemententscheidung gleichsam effizient, unfehlbar, logisch und alternativlos ist.

Über die Mathematisierung, die als »Grammatik« der Wirtschaft[28] figuriert, schreibt sich der Manager selbst Objektivität zu, mit der er letztlich auch sein Handeln legitimiert. So werden die Kreditlaufzeiten und die Bestimmung des *Break-even-Points*[29] zu unhintergehbaren, weil objektiv gültigen Tatsachen.

Gerade diese Strategie der universalisierenden Naturalisierung, also der Naturalisierung der Wirtschaft durch die Universalität der Mathematik, erzeugt einen »Realitätseffekt« und ermöglicht »dem Ökonomischen einen nahezu undekonstruierbaren Platz« (Stäheli 2008: 299), wodurch Analysen der Ökonomie erschwert werden. Das angeblich Objektive der Ökonomie muss daher zuerst in diesem Sinne erkannt werden.

> »Erst so kann das Ökonomische seines objektiven, immer schon gegebenen Charakters entledigt werden sowie als prekäre soziale und kulturelle Konstruktion sichtbar werden« (Stäheli 2008: 299).

Das Ökonomische als kulturelle Konstruktion zu beschreiben, gelingt Boltanski und Chiapello mit ihrer Untersuchung von Ratgeberliteratur für das Management, aus der sie die Handlungsleitlinien für das Management ableiten.

> »Ähnlich wie Erbauungsschriften oder sittliche Lehrwerke nutzen sie das *exemplum*. Sie wählen Fallbeispiele wegen ihrer Beweiskraft aus — was zu tun *bzw.* was zu unterlassen ist — und greifen aus der Wirklichkeit nur diejenigen Aspekte heraus, die sich zur Untermauerung der ge-

---

28 Zur Rolle der Grammatik bei der »Objektivierung des sprechenden Subjekts« (Foucault 2007a: 81).

29 Der Break-even-Point ist die aus »dem Amerikanischen stammende Bezeichnung für die so genannte **Gewinnschwelle** oder **Nutzschwelle**. Sie bezeichnet die Umsatzgröße, bei der die *Fixe Kosten* und *Proportionale Kosten* eines bestimmten Produktes oder eines Unternehmens gerade gedeckt werden. Ein *Gewinn* entsteht erst dann, wenn der *Umsatz* die Nutzschwelle überschreitet« (Rittershofer 2009: 161).

wünschten Entwicklungsrichtung nutzen lassen« (Boltanski, Chiapello 2006: 92).

Den Fallbeispielen aus der Literatur entsprechen die Fallbeispiele der Case Studies, mithilfe derer an Business Schools nach dem Vorbild der Harvard Business School unterrichtet wird. Während der Beobachtungszeit dieser Forschung fanden zwar keine Case Studies statt, es wurde aber in einer Gruppe von Master-Studierenden diskutiert, ob eine geplante Reihe von Präsentationen der bereits bearbeiteten Case Studies überhaupt nötig sei. Einige Studenten äußerten ihren Unmut angesichts der zusätzlichen Belastung durch die Vorbereitung der Präsentationen. Der Dozent brachte dagegen das Argument vor, dass gerade diese Fallstudien hervorragend geeignet seien, um das theoretisch Gelernte praktisch einzuüben.

Boltanski und Chiapello geben zu bedenken, dass Fallstudien einer gewissen Beliebigkeit unterworfen sind (Boltanski, Chiapello 2006: 92). Grundsätzlich kann jedes erwünschte Handeln im Beruf in der Ausbildung simuliert werden. Die Konstruktion einer Fallstudie sorgt für Plausibilität, solange sie nur realistisch genug erscheint, um von den Studierenden als echt angesehen zu werden. Die Beispielaufgaben sind prinzipiell nichts anderes als Case Studies, in denen ein beliebiges Problem gelöst werden soll.

Letztlich reicht die Mathematisierung der Ökonomie allein nicht aus, um zur managerialen Praxis zu befähigen. Der Kapitalismus ist in vielerlei Hinsicht ein juristisches Phänomen. Die an Wirtschaftsprozessen beteiligten Akteure sind vor allem vertraglich aneinander gebunden. Juristisches Wissen ist folglich eine der wichtigsten Voraussetzungen für Managementhandeln. Beim Studieren der Paragraphen des Handelsgesetzbuchs müssen die Studierenden lernen, besonders auf die juristischen Fallstricke zu achten, die Gewinne gefährden könnten. Handlungsmacht entsteht hier durch juristisches Wissen. Je präziser das juristische Wissen des Managers ist, umso mehr Einflussmöglichkeiten besitzt er im Wettbewerb mit Konkurrenten auf dem Markt und in der Auseinandersetzung mit der Politik. Ein Dozent betonte entsprechend: ›Lesen Sie nicht nur den ersten Satz des Paragraphen, lesen Sie auch weiter.‹

Im Unterricht werden durch die Vermittlung wirtschaftsrechtlichen Fachwissens nicht zuletzt die Grundlagen für das spätere Konsumverhalten gelegt. Die Studierenden lernen beim »Operating Leasing« wie Leasing-Verträge funktionieren und was bei einem Vertragsabschluss zu beachten ist. Auf die aktuellen Markttendenzen des Leihens und Mietens von Gegenständen haben Boltanski und Chiapello hingewiesen:

> »Anstatt sich als Eigentümer von seinem Eigentum vereinnahmen zu lassen oder als Vorstand von den Objekten, für deren Reproduktion man verantwortlich ist, abhängig zu sein, bietet sich eine andere Möglichkeit. Vorrang haben hier Leih- und Mietobjekte, über die man nach Gutdünken verfügt, solange man sie eben braucht. [...] Jemand, der sich an eine vernetzte Welt angepasst hat, wird somit z. B. lieber Leihwagen mieten bzw. eine Mietwohnung als Hauptwohnsitz haben wollen, weil er häufig wird umziehen müssen« (Boltanski, Chiapello 2006: 207).

Das im Studium erworbene Expertenwissen der Studierenden strahlt auch in ihre Alltagsrealität aus. So werden die Markthandlungen des Leihens und Mietens für diese zu einer selbstverständlichen Praxis. Zudem ermöglicht das juristische Expertenwissen ein müheloses Bewegen durch die Paragraphen, wodurch sich ein Machtgewinn denjenigen gegenüber ergibt, die dieses Wissen nicht besitzen. So verwies ein Dozent auf Schwachstellen in den Gesetzen und beschrieb gleichzeitig Optimierungstechniken, etwa beim Einsparen zu entrichtender Steuern. Damit wurde eine Opposition zur Politik inszeniert, welche diese als unterlegen darstellt. Eine solche Inszenierung kann Teil der Selbstsicht der Studierenden werden, wie folgende Äußerung zur Politik von Bachelor-Student Matthias zeigt:

> »Die wollen ja Banken, alles regulieren. Die kriegen es aber nie hin. Das hat auch einen ganz trivialen Grund: Menschen sind in der Regel monetär getrieben. Und am Ende — die Bank zahlt ja immer mehr dafür, wenn du der Beste bist. Das heißt der Beste geht nicht zu der Agentur, die die bekämpft. Der Beste geht zur Bank und umgeht das ganze System noch mal. Und solange die clevereren Leute in den Investmentbanken sitzen als woanders, werden die auch immer gewinnen« (Gespräch 1: Matthias, BA-Student).

Der Unterricht wird bevorzugt kommunikativ gestaltet. Da der Unterricht an der BUSINESS SCHOOL berufs- oder ausbildungsbegleitend stattfindet, müssen die zwei oder drei Tage in der Woche, an denen die Studierenden nicht in der jeweiligen Bank arbeiten, möglichst effektiv genutzt werden. So ist es durchaus normal, dass der Unterricht um 9 Uhr morgens beginnt und um 20 Uhr endet. Die einzelnen Veranstaltungen erstrecken sich über mehrere Stunden, in denen ein Thema unterrichtet wird. So beginnt die Veranstaltung »Finanzmittelmärkte« um 13:15 Uhr und endet um 16:30 Uhr, die Veranstaltung »Controlling« dauert von 16:45 Uhr bis 20:00 Uhr. Die Veranstaltung im Studiengang Quantitative Master umfasst fünf Stunden, unterbrochen von einer halbstündigen Pause. In diesen Unterrichtseinheiten werden den Großteil der Zeit mit Formeln Berechnungen ausgeführt oder neue Formeln von den Dozenten vorgestellt und erklärt.
Wie zuvor bereits ausgeführt worden ist, werden die Veranstaltungen im Bachelorstudiengang auf Deutsch und die Veranstaltungen im Masterstudiengang auf Englisch unterrichtet. Die Sprache der Dozenten ist das Vorbild für den zu erlernenden Jargon. Dies wird immer dann deutlich, wenn die Dozenten betonen, wie ein bestimmter Begriff im Arbeitsalltag zu verwenden sei. Dafür wird ein Großteil der mitunter komplexen Begriffe abgekürzt, was direkte Auswirkungen auf die Verwendung der Begriffe hat, da sie beschleunigt verwendet

werden können, um den Erwartungen eines hochfrequenten Treffens von Entscheidungen im Management zu entsprechen.

Die im Unterricht und Arbeitsalltag verwandte Sprache ist eine reduzierte Sprache, die so gut wie keine Metaphorik enthält. Fehlen Bedeutungsebenen, nimmt die Gefahr von Missverständnissen ab und je größer die Faktizität der verwendeten Begriffe ist, umso wahrhaftiger erscheinen sie. Je mathematischer die Antworten und je klarer die Definitionen der Begriffe sind (sie müssen einfach auswendig gelernt werden), desto besser. Für die Antwort auf eine Frage forderte ein Dozent vorweg: ›Keine langen Antworten! Einfach ein mathematischer Zweizeiler!‹ Durch die Mathematisierung wird jede Metaphorik überflüssig.

Allein durch die Struktur und Qualität der Aussagen — sie sind apodiktisch — werden Wahrheitseffekte erzeugt. Mathematik findet außerhalb räumlich-zeitlich gebundener Gültigkeit statt, sie funktioniert universal und ist somit jederzeit problemlos wiederholbar. Es fehlt, bezogen auf die Kommunikation zwischen Dozenten und Studierenden, an differenzierenden Kriterien, da lediglich der Wissens- und Erfahrungsvorsprung der Dozenten für eine graduelle Hierarchie sorgt. Die Logik der mathematisierten Ökonomie gilt für jeden gleichermaßen. Die Begriffe werden somit entsprechend geglättet, um sie dem Gebrauch in einer weltmarktorientierten Ökonomie anzupassen. Die Mathematisierung der Wirtschaftsprozesse garantiert ein weltweites Verstehen und Anwenden. Zugleich werden erwünschte Machtpositionen effektiv naturalisiert, wie Bourdieu ausführt:

> »Einige Ökonomen wie etwa Gary Becker mögen in einem Neo-Darwinismus, der ökonomische Rationalität als Produkt einer natürlichen Auslese der Besten begreift, die unangreifbare Rechtfertigung der Vorrangstellung der ›best and brightest‹ finden. Und der Kreis schließt sich, wenn die Ökonomie von der Mathematik (die zu einem der wichtigsten Instrumente der sozialen Auslese geworden ist) verlangt, eine möglichst

> unwiderlegbare, *epistemokratische* Rechtfertigung der bestehenden Ordnung zu liefern« (Bourdieu 2004b: 172f.).

Wie naturalisiert die Mathematisierung ist, zeigt abschließend folgende Situation während der Feldforschung: Eine Dozentin fragte, nachdem ihre Veranstaltung beendet war, mit welchen Methoden denn diese Feldforschung durchgeführt werden würde. Auf die Antwort, dass mit den ero-epischen Gesprächen und der teilnehmenden Beobachtung ausschließlich qualitative Methoden zur Anwendung kämen, äußerte sie ihre Verwunderung. Als Wissenschaftlerin, so sagte sie, zählten für sie nur berechenbare, harte Fakten. Es fiel ihr sichtlich schwer, qualitative Methoden anderer Wissenschaften überhaupt als wissenschaftlich anzuerkennen.

4.6 Umgebungsqualitäten

Die BUSINESS SCHOOL besteht aus einem funktional-reduzierten Gebäude, welches außen weiß gestrichen ist und von großen Glaselementen dominiert wird. Betritt man das Gebäude der BUSINESS SCHOOL durch die schweren, mit Holzgriffen ausgestatteten Glastüren des Haupteingangs, wird man von einem lichtdurchfluteten, nach oben hin mehrstöckig geöffneten Foyer empfangen. Auf der rechten Seite sieht man einen durchgängig besetzten Empfangstresen, auf der linken Seite eine mit großen schwarzen Ledersofas ausgestattete Lounge. Im Eingangsbereich sind in Sichtlinie zum Tresen an der Wand mehrere Flachbildschirme angebracht, auf denen ohne Ton das Programm von verschiedenen Wirtschafts- und Nachrichtensendern gezeigt wird. Im weiteren Verlauf des Eingangsbereichs gehen links die Unterrichtsräume ab und rechts sind in Nischen Computerarbeitsplätze eingerichtet, die den Studierenden zur freien Verfügung stehen. In der Mitte der Grundfläche ist eine nach oben hin offene Grünzone mit Sträuchern und einem kleinen Teich angelegt worden, wohin sich die Studierenden in Pausen zurückziehen können. Den

Studierenden und Dozenten steht zudem eine Mensa zur Verfügung, die über die Grünzone und den Eingangsbereich erreicht werden kann. In den oberen Stockwerken sind die Verwaltung, die Büroräume der Dozenten und weitere Konferenz- und Lehrräume untergebracht. Die Unterrichtsräume sind durch Glaselemente neben den Türen teilweise einsehbar. Die Böden sind mit Stäbchenparkett ausgelegt und die Wände sind weiß gestrichen. Jeder Raum ist mit einem Beamer ausgestattet, mit dem die im Unterricht verwandten Präsentationsfolien an die Wand projiziert werden. Die Dozenten schreiben mit Filzstiften auf Whiteboards. Die Unterrichtsräume sind mit weißen Tischen ausgestattet, welche hintereinander und parallel zur Tafelfront stehen. Bewegliche Wandelemente erlauben es in einigen Räumen, die Kapazitäten bedarfsgerecht anzupassen. In der Regel sind die Räume in einem tadellosen Zustand, d. h. ohne sichtbare Schäden und sehr sauber. Alle Räume sind dank großer Fenster von Tageslicht durchflutet. An allen Türen prangt der Warnhinweis, dass die Räume alarmgesichert sind.

In der Mensa wird versucht, über die Einrichtung, die Essensauswahl und die Präsentationsweise eine einladende Atmosphäre zu erzeugen. Die Gerichte orientieren sich an der mediterranen Küche. Zur Mittagszeit wird die Mensa von Mitarbeitern, Dozenten und Studierenden frequentiert. Die Preise der Gerichte empfanden einige der jüngeren Bachelor-Studenten teilweise als zu hoch, sodass sie sich lieber außerhalb verpflegen.

Die Lautstärke der Gespräche im Gebäude ist eher gedämpft. Es herrscht eine rege, aber zugleich gelassene Atmosphäre. Dank aufwendiger Schallisolierung dringt von außen kein Straßenlärm ins Innere. Es gibt nichts, was das Auge des Betrachters irritieren könnte. Das Gebäude verfügt über keinen wahrnehmbaren Eigengeruch.

> »Mir gefällt das, gerade das Helle, Moderne. Also ich finde es schön« (Gespräch 8: Lena, BA-Studentin).

»Grundsätzlich ist das Gebäude hier relativ klein. Und es ist relativ schön gemacht mit dem Garten und so. Und deshalb fühle ich mich hier nicht so unwohl« (Gespräch 4: Anna, MA-Studentin).

Die Umgebung der Ausbildung ist eine gestaltete Umwelt, die spezifische Funktionen erfüllen soll. Die Wertigkeit, die dem Anspruch der Studierenden an eine exzellente Ausbildung gerecht zu werden versucht, wird durch die Architektur und die verwandten Materialien, durch die technische Ausstattung, sowie die ästhetischen Gestaltungselemente umgesetzt. Das wertvolle, die Karriere ermöglichende Wissen soll in einem wertvollen Raum vermittelt werden. Auf den Zusammenhang von Raumqualitäten und Nutzungskontexten verweist Böhme, wenn er davon spricht, dass Atmosphären für bestimmte Zwecke eingesetzt werden können (Böhme 1995: 34ff.). Über die in dieser Umgebung vorkommenden und bewusst zu diesem Zweck installierten Dinge kann sich ihre Wirkung entfalten:

»Die Form eines Dinges *wirkt* aber auch nach außen. Sie strahlt gewissermaßen in die Umgebung hinein, nimmt dem Raum um das Ding seine Homogenität, erfüllt ihn mit Spannungen und Bewegungssuggestionen« (Böhme 1995: 33).

Die Umgebung der BUSINESS SCHOOL wirkt als Atmosphäre aufgeräumter Wertigkeit.

Wertigkeit muss aber auch als solche erkennbar sein. Löw weist in diesem Zusammenhang darauf hin, dass Böhme den Fehler begehe, die Rolle der »Wahrnehmungssozialisation« (Löw 2001: 208) außer Acht zu lassen. Neben Wohlbefinden und Benutzbarkeit ist nämlich vor allem eine Analogie mit den Orten beabsichtigt, an welchen die berufliche Karriere stattfinden soll: Das Gebäude der BUSINESS SCHOOL entspricht weitgehend der charakteristischen Architektur von Bank- und Bürogebäuden. Somit wird zum einen eine Irritation durch den Wechsel der Raumqualitäten vermieden und zum anderen die Gültigkeit der Unterrichtsinhalte für die andere, aber doch ähnliche Umgebung der Bank gewährleistet. Auch die technische Ausstattung verweist auf diese Analogien. Zum einen gibt es Displays, die neben der Tür zu den Unterrichtsräumen die Raumbelegung tagesaktuell anzeigen, zum anderen liefern die auf dem Campus installierten Fernsehbildschirme die neuesten Wirtschaftsnachrichten und Kursdaten. Die Fernsehbildschirme in der Lobby der BUSINESS SCHOOL inszenieren das Gewohnte, da Bildschirme mit Wirtschaftsdaten auch in Banken ein alltäglicher Anblick sind.

Die architekturale Wertigkeit der BUSINESS SCHOOL ergibt sich aus dem Bezug zu den Bankgebäuden, wie etwa durch aufwendig gestaltete Lobbybereiche, welche für die Repräsentation von wirtschaftlicher Macht eine wichtige Rolle spielen und ihre Wirkung bei Kunden und Angestellten gleichermaßen entfalten. Master-Studentin Marie bemerkt zu den Banken:

> »Alles glitzert, alles glänzt.«
>
> »Als ich zum ersten Mal in dieses Gebäude, wo ich jetzt arbeite, reingegangen bin, da war ich überwältigt, wie toll das aussieht« (Gespräch 5: Marie, MA-Studentin).
>
> »Also immer wenn ich in große Gebäude komme, ob es die Bank ist oder zu einem Interview bei WIRTSCHAFTSPRÜFUNGSUNTERNEHMEN, habe ich gedacht, ich sterbe. Du stehst da in einem Foyer und das ist so riesig! Nachdem du einen Monat dort warst, kennst du jede Ecke und es ist nicht mehr riesig. Aber ich fühl mich da immer unwohl« (Gespräch 4: Anna, MA-Studentin).

Die pädagogische Wertigkeit der BUSINESS SCHOOL wird durch die Entsprechung von Unterrichtsinhalten und Umgebungsqualitäten kreiert. Dies zeigt sich an den gewollten Analogien von Unterrichtsinhalten und Raumstrukturierungen. Auffallend ist die Sitzanordnung, welche durch die oben dargestellte Aufstellung der Tische erzeugt wird und den Ablauf des Unterrichts und somit auch die Unterrichtsinhalte beeinflusst. Bei allen beobachteten Veranstaltungen ist die Sitzanordnung gleich: Die Studierenden sitzen in Reihen hintereinander mit Blick nach vorne. Gespräche untereinander werden erschwert, weil sich die Studierenden nicht unmittelbar anschauen können. Alle Blicke gehen eher nach vorne, zum Dozenten, zum karriereermöglichenden Wissen, zur Mathematik. Gewissermaßen werden die Blicke der Studierenden partikularisiert, da ein Gegenüber auf Augenhöhe die meiste Zeit fehlt. Gerade in wirtschaftlichen Kontexten wird dem isolierten Subjekt ein besonderer Platz eingeräumt:

> »Die ökonomische Wissenschaft beruht auf einer Philosophie der Handlung, einem methodologischen Individualismus, der nur wissentlich und bewusst kalkulierte Handlungen isolierter Akteure kennen will und erkennen kann, die auf wissentlich und bewusst gesetzte, individuelle und egoistische Ziele gerichtet sind« (Bourdieu 2004a: 150).

Das Logo der BUSINESS SCHOOL ist auf und in dem Gebäude und den Unterrichtsmaterialien (Hand-Outs, Präsentationsfolien, Reader etc.) omnipräsent und sichert so, dass jedes Element Teil des Ganzen ist, also die gleiche Wertigkeit in sich trägt. Die pädagogische Wertigkeit kommt auch darin zum Ausdruck, dass die BUSINESS SCHOOL, da sie ein gewinnorientiertes Unternehmen ist, das von ihr vermittelte Wissen als Produkt offerieren muss. Dies wird durch das Corporate Design unterstützt, welches die Entstehung einer Corporate Identity fördern soll. Die Corporate Identity sichert die interne Kohärenz der Schule. Damit gelingt es der BUSINESS SCHOOL, ihr Profil klar zum Ausdruck zu bringen und es für den Wettbewerb mit anderen Business Schools nutzbar zu machen, denn die Schulen stehen unter einem großen Anwerbedruck, wie eine interne Studie der ESB Reutlingen (European School of Business) zeigt:

> »Wie [...] bereits angesprochen, muss sich die ESB Reutlingen aufgrund der vielen neuen internationalen Studienprogramme, die allerorten aus dem Boden schießen, stärker von der Masse abheben. Obwohl sie national bereits bekannt und etabliert ist, sollte die ESB Reutlingen auf dem Bildungsmarkt über eine klar definierte Corporate Identity und die ihr eigene ›unique selling proposition‹ auftreten und sich konsequent differenzieren. Die Differenzierungsstrategie muss dabei lauten: ›Klasse statt Masse‹. Dies wird aufgrund des herrschenden Wettbewerbs langfristig nur über strenge Qualitätskriterien erreicht werden« (Rösemann 2004: 101f.).

Neben den Unterrichtsräumen sind auch die Büros der Dozenten, die Sekretariate, die Konferenz- und Arbeitsräume zum Flur hin verglast und lassen so Einblicke in die Büroräume zu. Sie signalisieren auf diese Weise auch Transparenz. Da die Räume der BUSINESS SCHOOL innen wie außen komplett weiß gehalten sind, ergibt sich mit den Whiteboards ein interessanter Effekt: Es ist kaum eine klare optische Grenze zwischen Schreibfläche und Wand zu sehen, sodass die Formeln im Raum zu schweben scheinen. Der Unterrichtsraum ähnelt auffällig dem sogenannten »White Cube« der Ausstellungsräume in Kunstgalerien und Museen (Prinz, Schäfer 2008: 399). In ihnen wird die gewünschte Rezeptionsweise inszeniert, die den gleichsam aufgeräumten »bildungsbürgerlich kontemplativen Blick« mit einer höheren Wahrscheinlichkeit realisiert (Prinz, Schäfer 2008: 399) und den Exponaten eine stärkere Wirkung zukommen lässt, da Ablenkungen fehlen. Diese fokussierte Blickrichtung wird auch in der BUSINESS SCHOOL durch das Raumdesign und die Anordnungen im Raum angestrebt. Durch die Architektur grenzt sich die BUSINESS SCHOOL bewusst von der Außenwelt ab. Die Institution BUSINESS SCHOOL kreiert einen Mikrokosmos, der den Studierenden Sicherheit, Klarheit und Stringenz verspricht und die Schule damit bewusst gegen die Außenwelt positioniert. Sie erzeugt einen Schutzraum, der die Wertigkeiten einschließt und diese dadurch exklusiv erscheinen lässt. Auf diese Weise greifen Architektur und institutionelles Ansinnen ineinander.

Ob es sich nun um die Lobbybereiche von Bankgebäuden oder den Mikrokosmos der BUSINESS SCHOOL handelt: Beide Räume wirken beruhigend, weil sie Sicherheit vor den Widrigkeiten der Welt suggerieren.

5 Dynamisierung des Dispositivs *Managementausbildung*

Bisher wurden die Unterrichtssituation, die angewandten Raumkonstruktionen und die ästhetische Relevanz, die Inszenierungen des Globalen und deren Bedeutungen in Hinblick auf ihre spezifische Relevanz für die Konstruktion des Dispositivs *Managementausbildung* interpretiert. Im Folgenden wird das Dispositiv *Managementausbildung* zeitlich, räumlich und strukturell dynamisiert, um auf diese Weise seine Wirkmächtigkeit zu entfalten. Am Ende wird versucht herauszuarbeiten, wie das Dispositiv *Managementausbildung* von den Studierenden in ihrem Selbst verwaltet wird.

5.1 Komplexitätsreduktion als kulturelle Strategie

Durch die Verbindung von Theorie und Praxis wird in der BUSINESS SCHOOL versucht, die Prinzipien wirtschaftlich erfolgreichen Handelns wissenschaftlich zu erfassen und an Studierende zu vermitteln, damit diese später in Führungspositionen erfolgreich agieren können. Die Forschung und die Ausbildung orientieren sich hierbei an der Erkenntnis und der Kontrolle ökonomischer Abläufe, denn um für die Gegenwart tragfähige Entscheidungen zu treffen, welche die Zukunft positiv beeinflussen, muss die Zukunft antizipiert werden können. Da die ökonomischen Daten in der Regel auf Erfahrungen basieren, die zeitlich vorgelagert gesammelt wurden, ergeben sich Unschärfen in den Prognosen. Trotzdem besitzen Prognosen das Potenzial für weitreichende Veränderungen der Lebensbedingungen. Das gilt in einem grundsätzlichen Sinn ebenso wie für spezialisierte Managemententscheidungen.

Im Algerien der 1960er Jahre hat der junge Bourdieu die Besonderheit des kapitalistischen Wirtschaftens anhand der Interdependenzen von Zeit- und Wirtschaftsstrukturen in einer empirischen Untersuchung zu der algerischen Übergangsgesellschaft herausgearbeitet (Bourdieu 2000). Die durch die französische Kolonialisierung aufgezwungene Koexistenz von vorkapitalistischem und kapitalistischem Wirtschaftssystem führte ihm die Entstehung des kapitalistischen Habitus eindrücklich vor Augen. Während Wirtschaftstheoretiker[30] des Kapitalismus diesen als rationalste und somit alternativlose Form menschlichen Haushaltens darstellen und den Kapitalismus als außerhalb der Zeit und der sozialen Entwicklung stehend betrachten, konnte Bourdieu aufzeigen, wie sehr der für den Kapitalismus charakteristische ökonomische Habitus das Ergebnis eines historischen Prozesses ist. Dagegen erscheinen für die Menschen, die in einem kapitalistischen System sozialisiert worden sind (wie es auch die meisten Wirtschaftswissenschaftler sind) die verlangten Verhaltensdispositionen der Rationalität, also das Sparen, das Haushalten, das Vorsorgen und Kalkulieren, die Familienplanung, das Investieren, das Spekulieren etc. als »selbstverständlich, natürlich und universell« (Bourdieu 2000: 8). Durch die Universalisierung des Kapitalismus in kapitalistischen Ökonomien geraten Perspektiven auf alternative Formen des Wirtschaftens aus dem Blick. So zeichnet sich vorkapitalistisches Wirtschaften durch eine zyklische Zeitkonzeption aus, da wirtschaftliche Tätigkeiten darauf abzielen, die Menge an Gütern zu erwirtschaften, welche zur gesellschaftlichen Reproduktion benötigt werden. Das Handeln in der Gegenwart rekurriert hierbei auf tradierte Formen der Existenzsicherung, welche nicht angetastet werden. Dagegen unterstützt die kapitalistische Wirtschaftsform eine progressive Zeitkonzeption, die vom Verweis der Zukunft auf die Gegenwart lebt. Aus dieser **Reflexivität der Zeitebenen** folgt, dass von jedem einzelnen verlangt wird,

---

30 Prominente Wirtschaftstheoretiker sind u. a. Ludwig von Mises (1996, zuerst 1949) und James M. Buchanan, Gordon Tullock (1962). Der Begriff der Rationalität nimmt in zahlreichen wirtschaftstheoretischen Abhandlungen eine zentrale Rolle ein (Weber 1972).

sein Verhalten den objektiven Bedingungen anzupassen. Die Summe dieser Anpassungsleistungen bestimmt den Habitus.
Problematisch bleibt aber weiterhin, dass die Zukunft die Gegenwart und die Gegenwart die Zukunft bestimmt, also nicht eindeutig festgestellt werden kann, wann sich der Habitus zu entwickeln beginnt.

> Es »ist davon auszugehen, daß der Habitus nach Maßgabe einer kulturunabhängigen und allgemein menschlichen Fähigkeit gebildet wird, Kosten und Nutzen gegeneinander abzuwägen und dabei die eigenen Interessen wahrzunehmen. Die Wahrnehmung dessen, was einem nützt, hängt tatsächlich von ersten Anpassungen an kulturelle Setzungen und die eigene gesellschaftliche Position ab, denn diese Vorgaben werden ja im Habitus inkorporiert. Die Handelnden sind jedoch fähig, mit Hilfe dieser universalen Kompetenz, die sich nicht in habituellen Dispositionen auflöst, ihre eigene Situation kritisch einzuschätzen und Strategien zu entwerfen, welche von den vorgegebenen kulturellen Mustern abweichen« (Wimmer 1996: 408).

Banken und Unternehmen haben ein Interesse an Nachwuchskräften, welche die Prozesse der Ökonomie verstehen und auch auf diese Prozesse handelnd einwirken können, um optimale wirtschaftliche Folgeergebnisse zu erzielen. Das Ziel der BUSINESS SCHOOL muss daher die Integration spezieller Praktiken der Professionalität sein, welche erst die Möglichkeit einer Managementkarriere eröffnen. Gleichzeitig verfolgen die Nachwuchskräfte aber auch partikulare Interessen. Sie erwarten eine bestimmte Karriere, ein bestimmtes Leben für sich. Beide Ziele gilt es in der Ausbildung zu korrelieren. Letztlich verlangt dies eine veränderte Wahrnehmung der Welt, das Erkennen von wirtschaftlichen, ökonomischen und individuellen Chancen, mit denen im Kapitalismus agiert werden kann. Wie in jeder Ausbildung, also auch in der Managementausbildung, wird die Gegenwart als eine Art Vorschau der kommenden Zukunft inszeniert. Anderenfalls wäre eine Habitualisierung, gemäß des Bourdieuschen Habitus-Konzepts, oder eine Anleitung zur Selbstregierung, gemäß des Foucaultschen Kon-

zepts der Gouvernementalität, kaum realisierbar und die Ausbildung würde ihrem Ziel nicht gerecht werden.
Es sind die zwei Zeitebenen Gegenwart und Zukunft, welche das kapitalistische Wirtschaften kennzeichnen und deshalb immer wieder besonders bei hochspezialisierten Aktionen in der Finanzbranche thematisiert werden müssen. Eine zentrale Option, Gegenwart und Zukunft im hochbeschleunigten wirtschaftlichen Handeln zu korrelieren, stellt die Standardisierung ökonomischer Prozesse dar, die zugleich eine Komplexitätsreduktion mit sich bringt. Diese Beschleunigung und Standardisierung schreibt sich in den Habitus der Studierenden ein.

> »So im normalen Tagesablauf ist eigentlich alles relativ gut, zeitmäßig sehr, sehr geplant. [...] Ich gehe halt schon eher mit der Zeit. (lacht) [...] Man versucht, seine eigenen Prozesse auch soweit zu standardisieren, dass man halt die Zeit, die man hat, mit den Dingen ziemlich intensiv nutzt. Wie das hier eigentlich auch vorgegeben wird. Man hat halt drei Stunden und die werden effektiv genutzt. Dass man da ne halbe Stunde über etwas anderes redet, kommt nicht vor, in der Vorlesung« (Gespräch 8: Lena, BA-Studentin).

Standardisierungen verbessern den Zugriff auf die Gegenwart und ermöglichen auf diese Weise profitorientierte Handlungen des Managements. Zudem erzeugen Standardisierungen Vorstellungen von Stabilität, welche sich die BUSINESS SCHOOL für ihre Selbstdarstellung nutzbar macht, indem sie für sich den Standard einer Managerausbildung formuliert. Doch wie und wo lassen sich diese Aspekte im Alltag der Ausbildung an der BUSINESS SCHOOL wiederfinden?
Die Banken und Unternehmen bemühen sich um eine standardisierte **Architektur**, da sich erst in einer standardisierten Umgebung die Flexibilität und Selbstregierung der Subjekte entfalten kann. Die Bankgebäude ähneln sich architektural und erleichtern so neuen Angestellten die Orientierung, damit diese schneller wieder produktiv werden

können, denn im Vergleich zu den Wirtschaftsprozessen sind die Angestellten immer zu langsam.

> »Im Prinzip ticken sie alle gleich, die Banken. Also, das ist jetzt nicht so großartig unterschiedlich. Ich war drei Monate mal in London und hab da gearbeitet. Das war im Prinzip nichts anderes. Da passt man sich schon recht schnell an« (Gespräch 2: Karsten, MA-Student).

Auch die BUSINESS SCHOOL greift die architekturalen Muster und Symbole der Bankgebäude auf und konzipiert auf diese Weise eine harmonische und stabile Umgebung, in der die Studierenden produktiv agieren können. Vor allem die Spiegelglasfassade im Eingangsbereich, die weißen Unterrichtsräume mit identischer technischer Ausstattung und die strenge Sitzanordnung reduzieren Komplexität und ermöglichen Übersichtlichkeit. Die Unterrichtsräume ähneln durch ihre hochwertige Einrichtung, die neben der Eingangstür eingearbeiteten Fenster und digitalen Belegpläne, sowie die klare Raumstruktur der modernen Bank- und Büroarchitektur in Aufbau und Material. Das Zitieren der Bank- und Büroarchitektur durch die BUSINESS SCHOOL in Kombination mit der architekturalen Geschlossenheit (Ringstruktur der Gänge um ein nach oben offenes Atrium) erzeugen eine Komplexitätsreduktion, die sich besonders im Kontrast zu dem Außerhalb der BUSINESS SCHOOL offenbart. Dies zeigt sich sehr offensichtlich an dem Innenhof, der ein alternatives, durch das Gebäude abgegrenztes Außen markiert. Die Grünanlagen im Innenhof werden zu allen Seiten hin durch das Gebäude von der Außenwelt abgeschirmt. Dadurch wird zum einen die Komplexität der Welt ausgeschlossen. Zum anderen gerät selbst die Schule mit den Unterrichtsräumen aus dem Blickfeld. In den Pausen oder nach dem Unterricht wird der Gartenbereich so zu einem Refugium, in dem alles hinter sich gelassen werden kann.

Von außen nach innen ergeben sich also drei Zonen: Die komplexe Außenwelt, die BUSINESS SCHOOL mit ihrer komplexitätsredu-

zierenden Architektur und das Atrium mit seiner gestalteten Natürlichkeit. Diese scheinbare Natürlichkeit imaginiert ein Refugium, das wiederum Kohärenz, Komplexitätsreduktion und Stabilität vermittelt. Die angrenzende mehrspurige Schnellstraße ist im Gebäude und im Atrium nicht mehr zu hören. Im Herzen der Institution herrscht Ruhe. Die BUSINESS SCHOOL ist nicht abgeschlossen, aber sie ist als Privatinstitution alles andere als ein öffentlicher Raum. Nur die Studierenden können die Grenzen der Zonen in dem Maße überwinden, wie sie es wünschen. Sie können sich immer auf die Homogenität und Stabilität der BUSINESS SCHOOL im Vergleich zur Außenwelt verlassen. Die BUSINESS SCHOOL fungiert somit als gemeinschaftskonstituierender und zugleich regulativer Raum, in dem sich die Studierenden entfalten können. Sie können selbst entscheiden (und sich somit selbst regieren) welchen Einfluss sie der Schule einräumen wollen. Die Komplexitätsreduktion eröffnet erst die nötigen Freiräume, um dieses Selbstregieren zu ermöglichen. Architekturale Gestaltungen nehmen hierbei eine Schlüsselrolle ein.
Im Unterricht der BUSINESS SCHOOL werden die für die Finanzbranche relevanten **Marktgesetze** thematisiert. Die Reduktion von Komplexität ist die Voraussetzung, um den Marktphänomenen gerecht werden zu können. Der Unterricht der BUSINESS SCHOOL nimmt immer wieder Bezug auf den Marktbegriff und bewegt sich dabei im Spannungsfeld von Theorie und Praxis. Gerade wenn es um den proklamierten Praxisbezug geht, wird die Theorie als Mittel zum Zweck gedacht. Mit Vogl ist festzuhalten,

> »dass die ökonomische Theorie selbst einem Ökonomieprinzip folgt, [...] Komplexität reduziert, auf sparsame Modelle, auf wirksame Simplifikationen setzt und insgesamt eine Weltlage annimmt, die einfacher sein soll, als man denkt« (Vogl 2010: 54).

Letztlich werden Theorieelemente also zu Bestandteilen der Praxis. Dabei geht es nicht um eine absolute, sondern um eine graduelle

Übersetzung von Theorie in handelnde Praxis. Vogl weist in diesem Zusammenhang auf den besonderen Anwendungsmodus ökonomischer Theorien hin, welcher sich, bezogen auf die Realität, gerade durch die bloße »Chance auf Verwirklichung« auszeichnet und so die offensichtliche Diskrepanz zwischen idealisierter und tatsächlicher Welt überwinden kann — und dies auch soll.

> »Man mag darin die Wirksamkeit eines sozialen Imaginären erkennen, d. h. die Effizienz von Fiktionen, die das Selbstverständnis von Gesellschaften instruieren, soziale und symbolische Praxen ausrichten und intuitiv gerechtfertigte Bilder oder Evidenzen für Funktionsbegriffe und Handlungsoptionen bereitstellen« (Vogl 2010: 55).

Niemand kennt die Zukunft des Marktes und der Marktgeschehnisse genau. Es kann sich ihr nur über Kalkulationen und Prognosen genähert werden. Allein diese Prognosen reichen aus, um Realitäten zu beeinflussen, um Handlungshorizonte zu eröffnen. Theoretisches ökonomisches Wissen wirkt realitätsverändernd, sobald es konkrete manageriale Entscheidungen beeinflusst.

> »Das prägt die doppelte Struktur des modernen ökonomischen Wissens oder, wenn man so will, seine performative Kraft: Das Konzept des Markts ist darin Modell und Wahrheitsprogramm zugleich und also mit der Aufforderung verbunden, Marktgesetze selbst wahr zu machen« (Vogl 2010: 55)

Die Marktgesetze betreffen Situationen, Umgebungen und Personen gleichermaßen. Als Konsequenz müssen Umgebungen effizient gestaltet werden und Menschen über die richtige Praxis verfügen, damit die Marktgesetze in ihnen und durch sie situativ wirken können.

Die BUSINESS SCHOOL nimmt maßgeblich Einfluss darauf, dass die Studierenden diese Marktgesetze erlernen. Dies wird zum einen und für alle offensichtlich in der Vermittlung rechtlicher Grundlagen und wirtschaftsethischer Prinzipien realisiert und zum anderen über die subkutane Darstellung wirtschaftlicher Kontexte als berechenbare Operationen umgesetzt. So werden ganz bewusst große Summen für die durchzuführenden Berechnungen gewählt, um die Studierenden an große Transaktionen zu gewöhnen und ihnen ihre Rolle zuzuweisen. Die Virtualität und Beschleunigung der Wirtschaftsprozesse wird in der Schule durch die Präsentation von Handelstransaktionen im Klassenraum[31] und die im Flur angebrachten Bildschirme mit Wirtschaftsnachrichten angezeigt. Die symbolische Ordnung, welche die BUSINESS SCHOOL propagiert, richtet sich an der Vernetzung von BUSINESS SCHOOL und Marktgesetzen aus und verweist auf die Parallelwelt der Finanzsysteme. Die binäre Realitätsauffassung, wobei die reale Welt mit ihrer Komplexität der virtuellen Welt als unterlegen gezeichnet wird, erzeugt die Macht der virtuellen Finanzwelt.

Die reale Welt ist zweifelsohne durch die nur in der Imagination existierenden Welten beeinflusst (Appadurai 1990: 296f.). Appadurai hat diese Welten mit den multi-perspektivischen Begriffen *ethnoscapes*, *technoscapes* und *financescapes* beschrieben (Appadurai 1990: 296).

> »The suffix scape also allows us to point to the fluid, irregular shapes of these landscapes, shapes which characterize international capital as deeply as they do international clothing styles« (Appadurai 1990: 297).

Die Finanzströme des internationalen Kapitals sind daher immer im Kontext zu verstehen.

> »Da die Verfügbarkeit globalen Kapitals jetzt eine mysteriösere, schnellere und schwierigere Landschaft darstellt, die sich diffiziler denn je verfolgen läßt, spricht Appadurai von *financescapes*. Wichtig ist dabei, daß die globale Beziehung zwischen *ethnoscapes*, *technoscapes* und *financescapes* zutiefst disjunktiv und grundsätzlich undurchdringlich ist, weil jede dieser Dimensionen ihre eigenen Einschränkungen und ihren eigenen Be-

[31] In einer Lehrveranstaltung wurden die Handelsdaten in Echtzeit neben das Whiteboard projiziert.

> weggrund hat und zugleich als Beschränkung und Bewegungsparameter der anderen Dimension wirkt« (Kreff 2003: 133).

Letztlich zeichnen sich die Finanzströme zu einem großen Teil dadurch aus, dass sich ausgewählte Akteure der Wirtschaft — Manager — ein Bild von ihnen machen können. Dieser Wissensvorsprung kann bei der Konstruktion von Weltdeutungen enorme Wirkungen entfalten. Eine zentrale Aufgabe der BUSINESS SCHOOL besteht darin, den Studierenden die Finanzströme sichtbar und begreiflich zu machen.

Das Dispositiv *Managementausbildung* konzentriert Marktphänomene auf eine extensive **Mathematisierung**. Die Diskurse im Bankwesen und an der BUSINESS SCHOOL bestechen durch ihre apodiktische, also logische Richtigkeit. Für die meisten Diskurse gilt:

> »Aus diskurstheoretischer Perspektive ist ›Wahrheit‹ — verstanden als gültiges, Geltung beanspruchendes Wissen über die Welt, an dem sich Handeln orientiert und damit Wirklichkeit schafft — der *Effekt diskursiver Praktiken*, mithin also nichts anderes als das Resultat aus machtvollen Wahrheitsspielen und dahinter stehenden Wissenspolitiken« (Bührmann, Schneider 2008: 27).

Mathematisierung ist ein wirkungsvolles Mittel, um Wahrheiten zu erzeugen und zu schützen. Foucault erläutert das Zusammenspiel von Macht und Mathematik näher:

> »Dass zum Beispiel die Mathematik, natürlich auf eine ganz andere Art als die Psychiatrie, mit Machtstrukturen verbunden ist, stimmt ebenfalls, und wäre es auch nur durch die Art und Weise, wie sie unterrichtet wird, wie sich der Konsens der Mathematiker herstellt, wie er in einem geschlossenen Kreis funktioniert, seine Werte ausbildet und bestimmt, was in der Mathematik gut (wahr) oder schlecht (falsch) ist. Das soll nun keineswegs besagen, dass die Mathematik lediglich ein Spiel der Macht ist, sondern dass das Machtspiel der Mathematik auf eine bestimmte Art und Weise, und ohne dass das ihre Gültigkeit in irgendeiner Weise be-

> rührt, mit den Institutionen der Macht verbunden ist« (Foucault 2007b: 273).

Die Diskurse der Ökonomie werden durch die Mathematik geschützt; sie erscheinen immer richtiger, aufgeräumter, effizienter und besser als die Realität des Nicht-Marktes, auf die sie sich beziehen müssen. Die Diskurse der Ökonomie entfernen sich von der Realität über abstrakt-virtuelle Datenströme, wie sie der Börsenhandel darstellt. Letztlich, so Stäheli, basiert der Börsenhandel vor allem auf Zeichen, die wiederum auf Zeichen verweisen (Stäheli 2008: 305f.). Durch eine Inanspruchnahme der Mathematik erscheinen die Prozesse der Gegenwart und der Zukunft logisch und berechenbar. Damit hat die Ökonomie das stärkste Argument für die Richtigkeit ihrer Weltsicht auf ihrer Seite: die Logik.

Das habituelle Streben der Studierenden zielt auf die Reduktion von Komplexität. Erkennbar ist diese Einheitlichkeit am Kleidungsverhalten der älteren Master-Studierenden, welches sich an den Gepflogenheiten der Geschäftswelt orientiert, während die Bachelor-Studierenden noch einen unverbindlicheren Kleidungsstil präferieren. Habituell verfestigend wirkt zudem die selbstverständliche Nutzung der Kommunikationsmedien Laptop und Mobiltelefon. Vor allem der Gebrauch während des Unterrichts verweist auf den managerialen Habitus, sei es beim Kontrollieren von Börsenkursen, bei der Teilnahme an Börsenspielen oder beim Telefonat auf dem Flur. Ferner sorgt die Fokussierung auf Rechenoperationen für eine strukturierte Arbeitsweise, welche effizientes und rationales Arbeiten im Habitus sedimentiert.

Die Studierenden verfügen über ein sehr klares Wissen darüber, was sie werden wollen und was nicht. Die an einer Top-Karriere interessierten Studierenden müssen sich hierzu von der nicht unerheblichen Menge jener BWL-Studierenden abgrenzen, welche, wie Kirchgässner »zugegeben etwas stark vereinfachend« ausführt, vorrangig deshalb Betriebswirtschaftslehre studieren, weil ihnen »nichts besseres einfällt als BWL, weil sie (nicht ganz zu Unrecht) hoffen, damit später auf jeden Fall einen zumindest nicht ganz schlecht bezahlten ›Job‹ erhalten zu können« (Kirchgässner 2011: 7). Die Karriereorientierung wird für die Studierenden der BUSINESS SCHOOL für alle Lebensbereiche relevant, wie die Äußerungen der Studierenden zur Netzwerkpflege im Beruf und beim Sport gezeigt haben. Ein bestimmter Habitus bedeutet immer auch eine Komplexitätsreduktion der Verhaltens- und Sichtweisen. Der manageriale Habitus treibt diese generelle Reduzierung weiter. Die Managementangehörigen halten sich an homogene Regeln, welche festlegen, wie sich jeder habituell zu verhalten hat: kompetent, engagiert, motiviert, kooperativ, vernetzt, kontrolliert, souverän, rational und effizient. Mittels eines Habitus, welcher diese Attribute auf sich vereint, scheint zumindest eine graduelle Berechenbarkeit der Marktgesetze mit höherer Wahrscheinlichkeit umsetzbar. Habituell äußert sich diese Berechenbarkeit darin, dass die Subjekte andere Subjekte nicht verunsichern wollen, da dies die Kollegen irritieren und die Marktprozesse stören würde. Für die Auswahl von neuen Mitarbeitern ist der richtige Habitus unverzichtbar (Hartmann 2002: 120).

Die Karriere und damit auch der Habitus muss bereits während des Studiums in den Blick genommen werden. Erreicht wird dies durch ein Antizipieren der Regeln des Systems, welches wiederum die Selbstregulierung des Habitus ermöglicht. Als einem Dozenten die Frage gestellt wurde, warum die Bachelor-Studierenden auch bei unterrichtsstörendem Verhalten nicht ermahnt würden und auch ihr benutztes Mensageschirr nicht wegräumten, welches tagelang im Klassenraum verblieb, antwortete dieser, dass man an dieser Schule generell nicht maßregele, sondern auf die Einsicht der Studierenden setze. Diese, so zeige die Erfahrung, würde sich früher oder später von selbst einstellen. Eine Möglichkeit, um Leistungspotenziale abzurufen, wandte ein Dozent bei den Bachelor-Studierenden an, als diese eines späten Nachmittags ermüdet waren, indem er weitere Energiereserven durch das Abspielen eines unterhaltsamen Videoclips aus einer Comedyshow mobilisierte. Im Bachelor-Unterricht gehen die Dozenten in der Tat professionell und freundlich über die Störungen der Studierenden hinweg. Nur in zwei Fällen konnte eine direkte Reaktion der Dozenten beobachtet werden. Zu Beginn seiner Mastervorlesung stellte ein Dozent die Verhaltensregel auf, dass Gespräche unter den Studierenden zu unterlassen seien. In einer anderen Lehrveranstaltung, einem Seminar des Masterstudiengangs, reagierte eine Dozentin auf das zögerliche Antwortverhalten der Studierenden, indem sie die Seminarteilnehmer mit Nachdruck dazu aufrief, sie herauszufordern und sich einer scharfen Debatte zu stellen. Im Laufe der Zeit üben die Studierenden die für das Management nötige Professionalität und Selbstdisziplin ein. Dies geschieht, wie die Beobachtungen zeigen, nicht über Zwang, sondern über das Selbstregieren der Studierenden. Mittels einer hohen Taktung der mathematischen Aufgaben werden die Studierenden mit einem scheinbar unaufhörlichen Strom von Formeln und Berechnungen konfrontiert, welcher langfristig ein hohes Maß an Konzentration und Selbstdisziplin erfordert. Im Dispositiv *Managementausbildung* werden somit das Engagement und die Aktivität der Studierenden nicht appellhaft geweckt, sondern über die Einsicht der Studierenden, dass der Formelstrom nicht aufhört und es für sie von Nachteil ist, wenn sie sich unproduktiv verhalten. Wie effektiv die Funktionsweise des Dispositivs *Managementausbildung* ist, zeigt der Umstand, dass tatsächlich keine weiteren Maßnahmen als die hohe Taktung der Aufgaben und die Gleichförmigkeit der Aufgabenstellungen notwendig ist, um das Engagement der Studierenden nach und nach zu aktivieren. Dieser Prozess ist spätestens mit dem Beginn des Master-Studiums weitgehend abgeschlossen. Die Rolle der Dozenten kann sich auf die Aufrechterhaltung der Taktung beschränken. Die Selbstwahrnehmung der Dozenten bestätigt diese

Analyse. Diese Selbsteinschätzung der Dozenten zeigt ferner, dass sich auch die Dozenten auf die Selbststeuerung des Habitus verlassen können. Nur wenn diese brüchig wird, müssen sie mit verhältnismäßig kleinen Korrekturen gegensteuern — und beispielsweise einen witzigen Videofilm in den Formelstrom integrieren, oder, wenn die Aktivität nicht ausreicht, die Studierenden offen zu einer kompetitiven Diskussion herausfordern.

Die Berechenbarkeit von Abläufen und die Berechenbarkeit des Subjekts gehen Hand in Hand. Wenn die manageriale Handlung für das Unternehmen oder die Bank erfolgreich ist, profitiert auch der Manager. Mit der Reflexivität der Zeitebenen, der Architektur, den Marktgesetzen, der Mathematisierung und dem Habitus sind fünf wesentliche Elemente des Dispositivs *Managementausbildung* kontextualisiert worden. Innerhalb dieser Elemente positionieren sich die Studierenden der BUSINESS SCHOOL.

5.2 Individuelle Integrationen und Modifikationen der managerialen Praxis durch die Studierenden

> »In den meisten Fällen liefern Schulbildung und Berufsqualifikation die unverzichtbaren Mittel dafür, daß ein auf Voraussicht und Berechnung beruhendes Verhalten sich mit einem Minimum an Erfolgschancen (Stabilität und Hoffnung auf Aufstieg, ausreichendes Einkommen etc.) durchsetzen kann, also eine notwendige Bedingung, und gleichzeitig auch jene zureichende Bedingung, die unverzichtbaren intellektuellen Ressourcen, um dieses Verhalten rationalisieren zu können. Es scheint ganz so, als ob seine Existenz sich zunächst für Kalkül und Voraussicht als zugänglich erweisen müßte, bevor der wirtschaftliche Akteur sie tatsächlich dem Kalkül und der Voraussicht unterwerfen kann. Nur die, welche, wie man sagt, eine Zukunft haben, können den Versuch wagen, diese zu beherrschen« (Bourdieu 2000: 117).

Die Räume der BUSINESS SCHOOL bieten den sich an diesem Ort aufhaltenden Subjekten eine Präsenzerfahrung, welche sich durch Berechenbarkeit, Wertigkeit und Planungssicherheit auszeichnet. Letztlich geht es auch in der Spätmoderne um die Sicherung der Existenz in der Auseinandersetzung mit der Lebenswelt. Angesichts einer Fokussierung auf konsumbasierte Lebensstile in der Spätmoderne wird dieser Aspekt jedoch nicht immer sogleich erkannt. Die Schilderungen der Studierenden verweisen primär auf den Aspekt der Existenzsicherung, auch wenn bisweilen der Konsum betont wird.
Nicht immer wird die eigene Motivation für ein Wirtschaftsstudium an einer Business School so offen angesprochen wie von der Bachelor-Studentin Lena:

> »Ich würde auch gerne zu denen gehören, die mehr haben. Darum bin ich hier« (Gespräch 8: Lena, BA-Studentin).

Und Master-Student Karsten, welchem aufgefallen war, dass die wenigsten seiner Kollegen über 40 Jahre alt sind, zieht seine persönlichen Konsequenzen aus dieser Beobachtung seiner Umgebung, indem er sein Verhalten prospektiv anpasst:

> »Ja, das stimmt einen natürlich auch nachdenklich. Wenn man sieht, hey, ich habe vielleicht zehn, fünfzehn Jahre, die müssen gut sein. Und dann, ja, muss man etwas anderes haben« (Gespräch 2: Karsten, MA-Student).

Leistungsdruck und Konkurrenzsituationen sind den Studierenden schon aus der Ausbildung vertraut. Das Wissen um die zeitliche Begrenztheit der künftigen Arbeitsverträge verschärft diese Situation wiederum.

> »Es ist jetzt nicht so, dass die Leute nach zwei Jahren sagen, so, neu bewerben. Das läuft meistens einfach so in den neuen Vertrag über. Aber natürlich ist es so, dass die Sicherheit deutlich niedriger ist als bei jemandem, der den vollen Tarifkündigungsschutz hat. Und das ist natür-

lich auch so, dass man sich während dieser zwei Jahre immer wieder beweisen muss« (Gespräch 7: Julian, MA-Student).

Die drei wohl wichtigsten Aspekte der individuellen Integration und Modifikation der managerialen Praxis wären damit benannt: ein besonderer Lebensstil als Folge einer überdurchschnittlichen Vergütung, eine arbeitsintensive Karriere und eine permanente Konkurrenzsituation mit anderen Mitbewerbern. Alle diese Aspekte beeinflussen sich wechselseitig. Die Gewichtung dieser karrierebestimmenden Aspekte ist dabei individuell verschieden, immer jedoch Sinn stiftend. Master-Student Karsten beschreibt die Vergütungsaussichten im Bankwesen, auf die er für sich selbst auch hofft:

> »Die Aussichten, die man hat, sind schon lukrativer im Gegensatz zu anderen Branchen. Wenn man weiß, dass man später sicherlich sechsstellig bezahlt wird, dann ist das schon eine Aussicht, die man nicht in jeder Branche bekommt« (Gespräch 2: Karsten, MA-Student).

Die Sicherung der eigenen Existenz wird zu einer wirkungsvollen Motivation, sich in der Schule und an den Finanzmärkten zu engagieren.

> »Das ist immer so komisch, also als ich angefangen habe mit dem Studium, da habe ich mir schon überlegt, hmm, wie viel werde ich mal verdienen? Wird das reichen? Momentan denke ich darüber weniger nach. Das ist einfach so, dass ich momentan überlege oder denke, das geht schon irgendwie. Natürlich möchte ich auch irgendwann mal ein Haus, ja. Aber ich will keine Villa! Ich will einfach nur ein Haus haben, damit ich laut Musik hören kann und keiner meckert. [...] Also ich habe jetzt nicht so die Ansprüche, dass ich jetzt sag, okay, das Haus muss jetzt zwei Millionen kosten und muss halt auch dementsprechend aussehen« (Gespräch 5: Marie, MA-Studentin).

Auch Boltanski und Chiapello weisen auf die Bedeutung angemessener Räume der Sicherheit für Manager und ihre Familien hin. Dies gelte vor allem in einer Welt, in der nicht zuletzt soziale Gefälle ein gewisses Gefährdungspotenzial erzeugen:

> »Vermutlich hängt die Entstehung eines dritten kapitalistischen Geistes und dessen strukturelle Verfestigung weitgehend davon ab, welche Bedeutung die derzeit dominanten multinationalen Konzerne einer auch in Zukunft befriedeten Zone im Zentrum des Weltsystems beimessen, in der sie ein Reservoir an Managern unterhalten, die dort in der Lage sein müssen, eine Ausbildung zu machen, Kinder großzuziehen und in Sicherheit leben zu können« (Boltanski, Chiapello 2006: 58).

Die Bezahlung, so die Hoffnung, werde nicht nur ein hohes Maß an Sicherheit vor Armut ermöglichen, sondern vor allem einen Zugang zu zahlreichen Konsum- und Erlebnismöglichkeiten bieten, sei es im Beruf oder im Privatleben.[32] Nach der basalen Sicherung folgt also die Ausgestaltung der Existenz mit größtmöglichen Annehmlichkeiten.

> »Ich würde mir wünschen, dass ich ein Leben führen kann, bei dem ich zweimal im Jahr in den Skiurlaub fahren kann. Und meinetwegen ein nettes Haus haben. Dann vielleicht die Möglichkeit, zwei-, dreimal im Jahr nach New York zu fliegen und in der Metropolitan Opera eine Vorstellung zu sehen. Solche Sachen finde ich eher spannend. Ich sage mal, ich bin jetzt nicht auf irgendein Auto fokussiert. Sondern darauf, dass man ein Leben leben kann, was halt doch ein bisschen freier ist als das vieler anderer Menschen. Ich finde es schon krass, dass manche Menschen das ganze Jahr auf einen Urlaub sparen oder so was« (Gespräch 7: Julian, MA-Student).

32 Zum Vergleich: Während ihrer Feldforschung an der Wall Street hat Karen Ho immer wieder nach der Hauptmotivation der Investmentbanker gefragt: »Every answer, with no exceptions, named ‹money‹ as a motivation for both individuals and institutions. [...] Of course, informants often named other factors (such as the excitement of making deals, working with ‹smart people,‹ and living in New York), but money was usually regarded as the most important« (Ho 2009: 257).

Man könnte das Wünschen der Studierenden als ein Streben nach einem vorgezogenen Erleben bezeichnen. Der Begriff vorgezogenes Erleben umfasst zwei Aspekte: einen temporären und einen qualitativen. Das Adjektiv *vorgezogen* verweist auf die Zeitebene, das Substantiv *Erleben* auf die besondere Qualität des Lebensentwurfs, welche durch die Managementausbildung realisiert werden soll. Mit diesem Lebensentwurf wird eine besondere Qualität von Identität markiert. Mit dem Begriff des vorgezogenen Erlebens ist folgendes gemeint: Die Dinge, die man mit weniger gut bezahlten Berufen sich erst Jahre oder gar Jahrzehnte später, mitunter sogar nie kaufen könnte, rücken mit dem Beruf des Managers bzw. des Bankers schneller oder überhaupt in eine greifbare Nähe. Ein Eigenheim, ein Auto, Teilnahme an kulturellen Erlebnissen, spannende Urlaube — alles das innerhalb weniger Jahre, so lautet die Hoffnung derjenigen, welche sich für eine Karriere im Management entscheiden. Durch die Ausbildung an einer Business School wollen die Nachwuchsführungskräfte jene Praxis erlernen, welche den Weg zu entsprechend bezahlten Positionen eröffnet.

Eine bedeutende Rolle spielt hierbei die Option der Boni, da diese das Motiv des vorgezogenen Erlebens durch das Versprechen verdichten, auf sehr schnelle Weise über ausreichende Finanzmittel zu verfügen. Der Bonus unterstützt somit die Selbsttechnik, indem er jegliche Anstrengungen vergessen lässt. In den Managemententscheidungen und in den Boni fallen das Schicksal des Subjektes und der Bank zusammen. Vor allem aber beeinflusst der Bonus das praktische Handeln der Akteure und folglich die Managemententscheidung als solche.

> »Wenn man dann die Headlines ließt, vor fünf Monaten vielleicht: ›BANK A am Ende, BANK B mit Mega-Verlust‹, und genau jetzt sieht man wieder Schlagzeilen, ›BANK B mit Mega-Gewinnen‹, die ganzen US-amerikanischen Banken, äh, ja dann ist da schon, glaube ich, eine Problematik drin. Viele, ich kenne die Leute nicht persönlich, aber das

System sagt eben: Lass mich das System ausreizen, solange ich davon profitiere« (Gespräch 3: Maximilian, MA-Student)!

Durch die zeitlich befristeten Arbeitsverträge ändert sich die Entscheidungsstruktur der Manager, sie wird kurzfristiger. Sie zwingen die Manager zu kurzfristig profitmaximierenden Handlungen, da sie nur so innerhalb der wenigen Jahre ihres Beschäftigungsverhältnisses auch ausreichend hohe Bonuszahlungen zur Realisierung des vorgezogenen Erlebens erreichen können.

> »Was ist langfristig? Langfristig sind schon drei Jahre in unserem Job, habe ich so das Gefühl. Weil — im Schnitt wechselt man alle drei Jahre den Arbeitgeber« (Gespräch 2: Karsten, MA-Student).

Die Karriere im Bankwesen wird höchstwahrscheinlich nicht linear verlaufen, sie ist fragmentiert und erfordert immer neue Modifikationen, damit das vorgezogene Erleben gelingen kann. Der einzige Weg, den die Ökonomie dem managerialen Subjekt anbietet, ist ein offener Prozess, welcher auf dem engagierten Verfolgen der eigenen Karriere basiert.

> »Die Ziele, auf welche [...] Unternehmen wie Individuen [...] [ausgerichtet werden], sind strikt relational und damit unabschließbar. Die Einsicht, dass es ein Genug — an Qualität, Flexibilität, Motivation, persönlichem Wachstum — nicht geben kann, erzeugt den Sog zum permanenten Mehr« (Bröckling 2000: 163).

Die organisierte Unsicherheit greift das Ich an und vergrößert damit die Sorge des Subjekts um sich selbst.

> »Das klingt halt so negativ, geldgeil zu sein. Aber wenn du dein Leben absichern willst, wenn du es hier reißt, dann hast du es gut. Deinen Kindern geht es gut, deinen Enkeln wird es gut gehen. Weil — du kannst halt Geld verdienen, das schaffen zwei Generationen nicht. Das kannst du im Alleingang machen. Einfach nur, weil du hier Erfolg hast« (Gespräch 1: Matthias, BA-Student).

Das ökonomische Subjekt wendet seine Sorge um sich selbst zugunsten der Realisierung des vorgezogenen Erlebens. Davon profitiert vor allem die jeweilige Bank: Sie kann sich sicher sein, dass die Studierenden der BUSINESS SCHOOL ein enormes Engagement an den Tag legen. Gleichzeitig kann die Bank aber nicht allen Bewerbern jene Karriereperspektiven schaffen, nach denen sie streben. Für die Mehrheit der Studenten dürfte sich das Engagement daher nicht zwangsläufig in der erhofften Position auszahlen. Die Bank dagegen gewinnt immer, sie kann die Motivation der jungen Studierenden im vollen Maße für ihre Zwecke nutzen. Innerhalb der von den Studierenden als äußerst kurz empfundenen und von den Banken durch entsprechende Entscheidungen im Personalmanagement bewusst kurz gesteckten Zeithorizonte für eine Karriere, muss daher das nötige Einkommen über Gehalt und Bonuszahlungen gesichert werden. Die Elemente für das vorgezogene Erleben erscheinen überaus attraktiv und sind nicht auf rein finanzielle Aspekte beschränkt.

> »Man lernt viele Leute kennen, auch viele einflussreiche Leute. Man bekommt viele Einladungen irgendwohin. Zum Essen, zu einem Fußballspiel, zum Wintersport. Das sind die Nebeneffekte, die einen ein bisschen entschädigen für das Arbeiten« (Gespräch 2: Karsten, MA-Student).

Und Karsten spricht auch die Sorgen an, welche nicht negiert werden können:

> »Geld erleichtert dir vieles. Und du machst dir deutlich weniger Sorgen. Also ich sag mal so: Wenn ich kein Geld hab, gut, dann muss ich mir keine Gedanken darüber machen. Ja, aber dann müsste ich mir immer Gedanken darüber machen, wie ich an das nächste Essen oder ob ich mir die Bude leisten kann oder ob ich mal in den Urlaub fahren kann. Und wenn ich den Job mach, dann muss ich mir darüber keine Gedanken machen« (Gespräch 2: Karsten, MA-Student).

Das vorgezogene Erleben ist durch die beschleunigten Abläufe der Ökonomie geprägt und wird sich diesen anzupassen versuchen. So müssen die Ziele möglichst schnell erreicht werden, da es keine Gewähr für weitere Chancen gibt. Morgen oder in näherer Zukunft könnte es bereits vorbei sein, wie die befristeten Zeitverträge nahelegen. Das vorgezogene Erleben kann also für die Manager tendenziell prekär werden.

> »Du packst das, glaube ich, nur, wenn du positiv eingestellt bist. Und dir morgens im Spiegel so deine Story noch glaubst, die du dir da jeden Tag erzählst. Das ist schon so ein Stück, weil du stehst halt auf und du erzählst dir deine Story immer so innerlich, warum du das eigentlich alles so machst. Weil jeder sagt eigentlich: ›Das muss total der Horror sein, was du machst.‹ Und du machst es aber doch mit einer gewissen Genugtuung und Zufriedenheit. Das geht halt nur, wenn du dir selber deine Geschichte immer glauben kannst. Ich sag mir ja kein Gebet auf. Aber morgens — du stehst halt schon auf und du weißt, entweder du machst es richtig im Leben oder nicht. Mein Ziel ist halt, irgendwo vorn zu sein. Zu den Gewinnern zu gehören« (Gespräch 1: Matthias, BA-Student).

5.3 Versprechen und Wirkung

> »Es ist einfach, dass man zwangsläufig den Druck hat, viel zu arbeiten und auch versuchen muss, in den ersten Jahren ziemlich schnell nach oben zu kommen oder Geld zu machen, letztendlich. Wenn man das jetzt einfach aus der monetären Sichtweise sieht. Einfach aus dem Grund, weil man immer Gefahr läuft oder auch immer wissen muss, dass immer jüngere Leute kommen, immer Newcomer, die bereit sind, weiterhin viel zu arbeiten und die bereit sind, ja, dementsprechend die Karriere anzugehen. Und ich glaube, ab einem gewissen Alter, wenn man — aus meiner Sicht zumindest — noch ein bisschen was vom Leben haben möchte, geht man gegebenenfalls das Thema Familie oder was auch immer an, was einem da gerade für Pläne vor Augen sind. Und das ist, glaube ich, der Konflikt, in dem man selber ist. Weil man weiß, die Branche tickt so und ich kann nur, wenn ich wirklich in dem Bereich erfolgreich sein

möchte, kann ich nur den Weg gehen, dass ich mich anpasse« (Gespräch 3: Maximilian, MA-Student).

Die Äußerung des Studierenden zeigt an, dass er sich dessen bewusst ist, was die von ihnen verfolgte Ausbildung mit ihnen macht und welchen Preis sie für ihre angestrebte Karriere bereits in frühen Jahren zahlen und künftig noch zahlen werden müssen. Die Äußerung von Maximilian bringt die Sorgen zahlreicher Studierender zum Ausdruck. Das Dispositiv *Managementausbildung* erzeugt in Reaktion auf die Sorgen ein hohes Maß an Stabilität und Berechenbarkeit für das Verfolgen der eigenen Karriereziele und beteiligt sich am Versprechen des vorgezogenen Erlebens. Das Dispositiv *Managementausbildung* wirkt auf die Entstehung eines speziellen managerialen Habitus ein und produziert so Manager für spezialisierte Positionen in der Finanzbranche.

Stabilität und Berechenbarkeit verweisen jedoch nicht auf die Beherrschbarkeit des Dispositivs durch das Subjekt. Das Dispositiv eröffnet dem Subjekt vielmehr entlang von Stabilität und Berechenbarkeit einen Kanon von Möglichkeiten, aus welchem sich das Subjekt bedienen kann (Schmidt 2011). Da die Beziehungen zwischen Subjekten und Dispositiv für Alternativen offen ist, kann und muss das Dispositiv auf Probleme der Subjekte mit dem Dispositiv reagieren. Wird die Managementausbildung problematisch, etwa durch hohe Stressbelastung, schlechten Unterricht oder eine belastete Atmosphäre, muss die Schule als Vertreter des Dispositivs regulierende Maßnahmen ergreifen. Die Stabilität und Berechenbarkeit des Dispositivs *Managementausbildung* wird also durch die Schule und die Studierenden kontinuierlich neu erzeugt.

Im Folgenden wird gezeigt, wie die Motivationen der Studierenden auf die Dynamik des Dispositivs einwirken. Die Studierenden müssen zunächst für sich darüber entscheiden, ob sie bereit sind, für die Ausbildung einen hohen finanziellen und zeitlichen Aufwand zu betreiben. Diese Entscheidung begleitet sie ihr ganzes Studium hindurch, indem sie den finanziellen und zeitlichen Aufwand miteinander in Beziehung setzen. Die Bachelor-Studierenden reflektieren vor allem auf die für sie neue Doppelbelastung von betrieblicher und schulischer Ausbildung. Nicht selten vergleichen sie sich mit ehemaligen Schulfreunden, welche an einer Universität studieren oder eine Berufsausbildung absolvieren, oder verweisen auf die eigene Schulzeit, die sie als das Andere darstellen, als eine Zeit mit Freunden und Freizeit.

> »Ich gehe Montag bis Mittwoch arbeiten, in der BANK. Und donnerstags, freitags und manchmal auch samstags sind wir dann hier. Meistens von neun bis 20 Uhr. Dementsprechend ist es relativ anstrengend. Also eigentlich ist es eine Doppelbelastung durch das Arbeiten. Wären die normalen Stunden auf Montag bis Freitag verteilt, würde ich sagen, wäre es kein Problem. So ist es relativ stressig. Gerade so nach der Schule. Weil es da ja doch relativ entspannt war« (Gespräch 8: Lena, BA-Studentin).

> »Meine Motivation hinter diesem stressigen Studium ist eben wirklich, also ich möchte nicht einfach so vor mich hinleben. Ich will schon was erreichen irgendwie. Und, ja natürlich, das geht auch immer einher mit Karriere machen, irgendwo. [...] Ich möchte schon was Sinnvolles machen, wo ich das Gefühl habe, auch irgendwie was bewegen zu können. Weil ich glaube schon, dass ich was bewegen kann irgendwo und auch was Sinnvolles machen kann. (Pause) Und diese normalen Ziele, Familie und so, ich glaube, da sehnt sich jeder nach. Was ich im Moment nur echt sehe, ist, dass ich keine Zeit dafür habe. (lacht) Also jetzt gerade im Studium. Das wird echt hart! Da irgendwie noch eine Freundin nebenbei zu laufen haben, das...« (Gespräch 6: Lars, BA-Student).

Dieser hier problematisierte zeitliche Aufwand wird durch die Ausbildungskosten legitimiert, denn die Studiengebühren verleihen der Managementausbildung eine Aura der Exklusivität.

> »Ich meine, das Studium im Master kostet 28.000 Euro. Durch den Arbeitgeber, die Bank, zahle ich jetzt so drei Viertel, aber es sind trotzdem

> 5.000 Euro im Semester. Und die Bachelorleute, die haben ja sieben Semester à 4.000 Euro, soweit ich weiß, schon gehabt. Und wenn die jetzt noch den Master draufsetzen, gehen die mit einem schönen Schuldenberg in den Job. Und es ist egal, wie viel der Arbeitgeber dazusteuert — man hat trotzdem irgendwie Schulden« (Gespräch 5: Marie, MA-Studentin).[33]

Anders als die Master-Studentin Marie spricht der Bachelor-Student Matthias anstatt von Schulden von einer Investition in seine Zukunft, welche er bewusst kalkuliert hat und als lukrativ ansieht.

> »Aber klar, du musst halt das Investment bringen. Das ist halt wie bei allem im Leben: Geh ich an eine Privat-Uni oder an eine öffentliche. Mache ich das Investment oder mach ich es nicht. Am Ende geht es eigentlich nur darum, ob es sich rechnet« (Gespräch 1: Matthias, BA-Student).

Die finanzielle Belastung durch die Ausbildung ist ein wichtiger Aspekt für die Legitimation des Dispositivs *Managementausbildung* an der BUSINESS SCHOOL. Sie sichert die Produktlogik und bürgt für die Qualität der Ausbildung, da ohne Studiengebühren die Qualität scheinbar nicht gesichert werden kann. Damit wird die Logik des Kapitalismus durch die BUSINESS SCHOOL rekonstruiert. Ob die Berufskarriere zum Abbau der Schulden oder zur Steigerung der Ausbildungsrendite dient, ist letztlich zweitrangig, da allein das berufliche Engagement zählt. Indem die Business Schools die Marktgesetze konsequent unterrichten, verweisen sie auf die Logik das Kapitals, welche von den Studierenden zur Selbstbeschwichtigung nutzbar gemacht werden kann. Dies gelingt vor allem deshalb, weil die unterrich-

---

33 Die Zahlen wurden gerundet, um eine mögliche Identifikation der BUSINESS SCHOOL über den genauen Betrag der Studiengebühren zu vermeiden. Der Betrag setzt sich aus den Studiengebühren abzüglich des Ausbildungsgehalts zusammen und liegt für den BWL-Studiengang jedoch höher als von Marie angegeben. Je nach Ausbildungsvertrag werden die Studiengebühren für das BWL-Studium von 6.000 Euro durch den Ausbildungspartner auf 4.500 Euro gesenkt.

teten Marktgesetze eine Faktizität erzeugen, deren Grenzen nicht überschritten werden können.

> »Ich sehe das eigentlich jetzt schon, ich habe ja einen Vertrag über bis zum Master. Und dann habe ich noch zwei Jahre Verpflichtung da zu arbeiten, weil die ja auch so viel Geld in mich reingesteckt haben. Und im Moment würde ich sagen, dann brauch ich erstmal eine Auszeit und mach erstmal was Relaxtes. Obwohl ich natürlich diesen Schuldenberg dann auch irgendwo hab. Aber ich werde dann nicht gleich den höchsten Posten anstreben, mit der höchsten Arbeitsbelastung irgendwie. Ich glaube, da werde ich dann schon eher den Schwerpunkt wieder doch auf Freunde und so was setzen, weil mir das auch echt fehlt. Dass ich die nicht mehr so oft sehe. Rund alle drei Monate vielleicht mal. (Pause) Das ist schon irgendwie — und auch die Familie und so. (lange Pause) Ja, das kann schon sein, dass das in einer bestimmten Art und Weise schon unvereinbar ist. Die Ziele, die man dann hat. (stockt) Dass das eigentlich gar nicht zusammen geht. Man sagt, dass man viel Geld machen will und auf der anderen Seite aber auch Familie will und glücklich sein möchte, viel Zeit für die haben möchte. Da muss man schon verdammt Glück haben, um so was zu realisieren. Im Regelfall ist viel Geld ja mit viel Arbeit verbunden (Pause)« (Gespräch 6: Lars, BA-Student).

Die Bezahlung stellt ein stabiles Moment des Dispositivs *Managementausbildung* dar. Ausgehend von diesem stabilen Moment positionieren sich die Studierenden individuell. Sie entscheiden, ob sie dieses Moment anerkennen, problematisieren, negieren oder selbst wieder stabilisieren. Auf diese Weise wird die manageriale Bezahlung dynamisch und Sinn stiftend. Sie wird zum großen Versprechen für die Studierenden. Das große Versprechen einer Managementkarriere bleibt jedoch nicht auf monetäre Aspekte beschränkt. Es ist ebenso die Aussicht auf ökonomischen Einfluss, auf eine Relevanz der eigenen Tätigkeit und des eigenen Selbst, die die Studierenden antreibt.

> »Ich glaube, wir müssen alle ehrlich sein und sagen, dass hier an der BUSINESS SCHOOL — also es arbeitet wahrscheinlich keiner in der

Bank, der nicht auch das Geld toll findet. Aber ich glaube, Leute, die nur das Geld toll finden, die sind eigentlich relativ arm dran. Weil wenn man keinen Spaß da hat und nicht jeden Morgen da hingeht mit der Motivation, ich will einfach was bewegen, was sehen — der ist da fehl am Platz« (Gespräch 7: Julian, MA-Student).

Die Beweggründe für das Verfolgen einer Managementkarriere werden von den Studierenden in vom Dispositiv angeleiteten Kausalitäten gedacht und individuell rekombiniert.

»Aber gut, ich meine, du baust dir eine Hammer-Perspektive auf und das sind halt die Jobs, wo richtig Cash fließt, also das sind gute Jobs. Da kannst du was bewegen, du machst halt die Wirtschaftspresse von morgen. Das ist halt etwas, was dich schon extrem kickt. Wenn du weißt, das Handelsblatt schreibt morgen einen Artikel und du hast den Artikel eigentlich maßgeblich gestaltet. Durch die Handlungen, die man macht, weil man irgendeinen einen großen Konzern verkauft. Das ist halt schon was, das ist halt schon cool« (Gespräch 1: Matthias, BA-Student).

Die BUSINESS SCHOOL hat die Managementkarriere zum Ziel. Dazu formt sie das Dispositiv *Managemantausbildung* über das Bedienen vieler Elemente aus. Die wichtigsten und hier vorgestellten Momente sind: die Reflexivität der Zeitebenen, die Architektur, die Marktgesetze, die Mathematisierung und den Habitus. Diese Elemente werden als stabile Ordnungen erfolgreich in die Subjekte eingeschrieben.

»Bei mir haben sich einfach bestimmte Sachen entwickelt, wo ich sage, also für mich ist jetzt erstmal die Karriere im Vordergrund und dann vielleicht mal irgendwie die Möglichkeit zu haben, flexibel zu sein, sich bestimmte Dinge leisten zu können, Urlaube machen zu können. Weil, vielleicht ist da auch dieser monetäre Anreiz sicherlich da gewesen. Und, es gibt halt auch andere Wege, wo ich sage, vielleicht hätte es nicht unbedingt der Weg sein müssen. Ich hätte auch einen anderen Weg einschlagen können und Lehrer werden können und wäre auch glücklich

> geworden. Es ist immer die Frage, wie man dann Glück und Zufriedenheit definiert. Aber schon, dieser Weg ist jetzt für mich der, ja, optimalste. Weil ich sehe, mit dem Auslandssemester und alles das, was da so nebenbei damit verbunden ist, das ist schon sehr spannend, sehr aufregend. Man lernt viele Leute kennen und ich glaube, für mich ist es dann eher so, dass ich dann das Positive da rausziehe« (Gespräch 3: Maximilian, MA-Student).

Das große Versprechen wirkt hier als »Sinngenerator« (Bohn, Willems 2001). Die Schule verfolgt mithin eine doppelte Strategie: Sie erzeugt das Wissen über Wirtschaftsprozesse und Marktinteressen und sie erzeugt den Manager.

6 Ero-epische Gespräche

Gespräch 1: Matthias, BA-Student
Gespräch 2: Karsten, MA-Student
Gespräch 3: Maximilian, MA-Student
Gespräch 4: Anna, MA-Studentin
Gespräch 5: Marie, MA-Studentin
Gespräch 6: Lars, BA-Student
Gespräch 7: Julian, MA-Student
Gespräch 8: Lena, BA-Studentin

7 Literaturverzeichnis

Adamski, Peter (1976)
Industrieschulen und Volksschulen in Württemberg im 19. Jahrhundert. Zum Verhältnis von Ökonomie, Politik und Elementarbildung (Marburger Beiträge zur Pädagogik, Bd. 3). Diss. phil., Philipps-Universität Marburg.

Adelmann, Gerhard (1979)
Die berufliche Ausbildung und Weiterbildung in der deutschen Wirtschaft 1871-1918, in: Hans Pohl (Hg.): Berufliche Aus- und Weiterbildung in der deutschen Wirtschaft seit dem 19. Jahrhundert. Referate und Diskussionsbeiträge des 2. Wissenschaftlichen Symposiums der Gesellschaft für Unternehmensgeschichte e.V. am 7. Dezember 1978 in Sindelfingen (Zeitschrift für Unternehmensgeschichte, Beiheft 15). Wiesbaden, S. 9-52.

Agamben, Giorgio (2008)
Was ist ein Dispositiv? Zürich, Berlin.

Althaus, Marco (2009)
Die Anti-Harvards. Wie Bildungskonzerne Amerikas Hochschulwesen revolutionieren (Bildungsökonomie, Bd. 1). Berlin.

Appadurai, Arjun (1990)
Disjuncture and Difference in the Global Cultural Economy, in: Mike Featherstone (Hg.), Global Culture. Nationalism, globalization and modernity. A Theory, Culture and Society special issue. London, S. 295-310.

Bohn, Cornelia, Herbert Willems (Hg.) (2001)
Sinngeneratoren. Fremd- und Selbstthematisierung in soziologisch-historischer Perspektive. Alois Hahn zum 60. Geburtstag. Konstanz.

Boltanski, Luc, Ève Chiapello (2006)
Der neue Geist des Kapitalismus (édition discours, Bd. 38). Konstanz.

Boltanski, Luc (2010)
Soziologie und Sozialkritik. Frankfurter Adorno-Vorlesungen 2008. Berlin.

Bourdieu, Pierre (2000)
Die zwei Gesichter der Arbeit. Interdependenzen von Zeit- und Wirtschaftsstrukturen am Beispiel einer Ethnologie der algerischen Übergangsgesellschaft (édition discours, Bd. 25). Konstanz.

Bourdieu, Pierre (2004a)
Die Durchsetzung des amerikanischen Modells und ihre Folgen, in: Pierre Bourdieu, Gegenfeuer (édition discours, Bd. 37). Konstanz, S. 147-152.

Bourdieu, Pierre (2004b)
Die unsichtbare Hand der Mächtigen, in: Pierre Bourdieu, Gegenfeuer (édition discours, Bd. 37). Konstanz, S. 166-175.

Bourdieu, Pierre (2004c)
Vereinheitliche und herrsche, in: Pierre Bourdieu, Gegenfeuer (édition discours, Bd. 37). Konstanz, S.208-220.

Böhme, Gernot (1995)
Atmosphäre als Grundbegriff einer neuen Ästhetik, in: Ders., Atmosphäre. Essays zur neuen Ästhetik. Frankfurt/M., S. 21-48.

Bröckling, Ulrich (2000)
Totale Mobilmachung. Menschenführung im Qualitäts- und Selbstmanagement, in: Ders., Susanne Krasmann und Thomas Lemke (Hg.), Gouvernementalität der Gegenwart. Studien zur Ökonomisierung des Sozialen. Frankfurt/M., S. 131-167.

Bröckling, Ulrich (2007)
Das unternehmerische Selbst. Soziologie einer Subjektivierungsform. Frankfurt/M.

Buchanan, James M., Gordon Tullock (1962)
The Calculus of Consent. Logical Foundations of Constitutional Democracy. Ann Arbor.

Bührmann, Andrea D., Werner Schneider (2008)
Vom Diskurs zum Dispositiv. Eine Einführung in die Dispositivanalyse. Bielefeld.

Demirović, Alex, Christina Kaindl, Alfred Krovoza (Hg.) (2010)
Das *Subjekt* — zwischen Krise und Emanzipation. Münster.

Demirović, Alex (2010)
Krise des Subjekts — Perspektiven der Handlungsfähigkeit, in: Ders., Christina Kaindl, Alfred Krovoza (Hg.), Das *Subjekt* — zwischen Krise und Emanzipation. Münster, S. 147-173.

Fach, Wolfgang (2000)
Staatskörperkultur. Ein Traktat über den „schlanken Staat“, in: Ulrich Bröckling, Susanne Krasmann und Thomas Lemke (Hg.), Gouvernementalität der Gegenwart. Studien zur Ökonomisierung des Sozialen. Frankfurt/M., S. 110-130.

Foucault, Michel (1978)
Ein Spiel um die Psychoanalyse, in: Dispositive der Macht. Michel Foucault. Über Sexualität, Wissen und Wahrheit. Berlin, S. 118-175.

Foucault, Michel (1993)
Technologien des Selbst, in: Luther H. Martin (Hg.), Technologien des Selbst. Frankfurt/M., S. 24-62.

Foucault, Michel (2007a)
Subjekt und Macht, in: Daniel Defert (Hg.), Michel Foucault. Ästhetik der Existenz. Schriften zur Lebenskunst. Frankfurt/M., S. 81-104.

Foucault, Michel (2007b)
Die Ethik der Sorge um sich als Praxis der Freiheit (Gespräch mit Helmut Becker, Raúl Fornet-Betancourt, Alfred Gomez-Müller, 20. Januar 1984), in: Daniel Defert (Hg.), Michel Foucault. Ästhetik der Existenz. Schriften zur Lebenskunst. Frankfurt/M., S. 253-279.

Freeman, R. Edward (1984)
Strategic Management. A Stakeholder Approach. Boston.

Friedman, Milton (1962)
Capitalism and Freedom. Chicago.

Gaugler, Eduard (1998)
Hundert Jahre Betriebswirtschaftslehre (FBS-Schriftenreihe, Bd. 53). Mannheim.

Genkova, Petia (2007)
Berufskarriere und Lebenszufriedenheit — psychologische Aspekte, in: Manfred Seifert, Irene Götz und Birgit Huber (Hg.), Flexible Biografien? Horizonte und Brüche im Arbeitsleben der Gegenwart. Frankfurt/M., New York, S. 227-237.

Girtler, Roland (2001)
Methoden der Feldforschung. Wien, Köln, Weimar (4. bearb. Aufl.).

Handelshochschule (2001)
Von der Handelshochschule zur Universität. 100 Jahre wirtschafts- und sozialwissenschaftliche Lehre und Forschung in Köln. Katalog zur Ausstellung in der Universitäts- und Stadtbibliothek, Red. Gernot Gabel, Christiane Suthaus (Kleine Schriften der Universitäts- und Stadtbibliothek Köln, Bd. 9). Köln.

Hartmann, Michael (1996)
Topmanager. Die Rekrutierung einer Elite. Frankfurt/M., New York.

Hartmann, Michael (2002)
Der Mythos von den Leistungseliten. Spitzenkarrieren und soziale Herkunft in Wirtschaft, Politik, Justiz und Wissenschaft. Frankfurt/M., New York.

Hartmann, Michael (2008)
Elitesoziologie. Eine Einführung. Frankfurt/M., New York (2. korr. Aufl.).

Ho, Karen (2009)
Liquidated. An Ethnography of Wall Street. Durham, London.

Iñiguez de Onzoño, Santiago (2011)
The Learning Curve. How Business Schools Are Re-inventing Education. Houndmills.

Isiadinso, Chioma (2008)
The Best Business Schools' Admissions Secrets. A Former Harvard Business School Admissions Board Member Reveals the Insider Keys to Getting In. Naperville.

Khurana, Rakesh (2007)
From Higher Aims to Hired Hands. The Social Transformation of American Business Schools and the Unfulfilled Promise of Management as a Profession. Princeton.

Kirchgässner, Gebhard (2011)
Kaderschmieden der Wirtschaft und/oder Universitäten? Der Auftrag der Wirtschaftsuniversitäten und -fakultäten im 21. Jahrhundert. St. Gallen.

Kreff, Fernand (2003)
Grundkonzepte der Sozial- und Kulturanthropologie in der Globalisierungsdebatte. Berlin.

Kuderer, Bernhard (2003)
Insiderwissen MBA. Die Wahrheit über den Studienalltag an einer Top Business School. Frankfurt, Wien.

Langer, Andreas, Arne Manzeschke (2009)
Professionelles Management in der Medizin und der Sozialen Arbeit, in: Michaela Pfadenhauer, Thomas Scheffer (Hg.), Profession, Habitus und Wandel. Frankfurt/M., S. 153-179.

Legnaro, Aldo (2000)
Subjektivität im Zeitalter ihrer simulativen Reproduzierbarkeit: Das Beispiel des Disney-Kontinents, in: Ulrich Bröckling, Susanne Krasmann und Thomas Lemke (Hg.), Gouvernementalität der Gegenwart. Studien zur Ökonomisierung des Sozialen. Frankfurt/M., S. 286-314.

Leitl, Michael (2010)
Was ist ... Resilienz?, in: Harvard Business Manager 32, Heft 3, S. 33.

Lemke, Thomas, Susanne Krasmann, Ulrich Bröckling (2000)
Gouvernementalität, Neoliberalismus und Selbsttechnologien. Eine Einleitung, in: Ulrich Bröckling, Susanne Krasmann und Thomas Lemke (Hg.), Gouvernementalität der Gegenwart. Studien zur Ökonomisierung des Sozialen. Frankfurt/M., S. 7-40.

Lindner, Rolf (1993)
Das Ethos der Region, in: Zeitschrift für Volkskunde 89, S. 169-190.

Löw, Martina (2001)
Raumsoziologie. Frankfurt/M.

Margolis, Joshua D., Paul. G. Stoltz (2010)
Werden Sie belastbarer!, in: Harvard Business Manager 32, Heft 3, S. 28-37.

Mevissen, Gustav von (1906)
Denkschrift über die Gründung einer Handelshochschule in Köln, zum 11. Juni 1879, in: Joseph Hansen (Hg.): Gustav von Mevissen. Ein rheinisches Lebensbild 1815-1899. 2. Bd.: Abhandlungen, Denkschriften, Reden und Briefe. Berlin, S. 627-636.

Mises, Ludwig von (1996)
Human Action. A Treatise on Economics. San Francisco (4. bearb. Aufl.).

Mulder van de Graaf, José, Richard Rottenburg (1989)
Feldforschung in Unternehmen. Ethnografische Explorationen in der eigenen Gesellschaft, in: Reiner Aster, Hans Merkens, Michael Repp (Hg.), Teilnehmende Beobachtung. Werkstattberichte und methodologische Reflexionen. Frankfurt/M., New York, S. 19-34.

Pfadenhauer, Michaela (2009)
Professioneller Stil und Kompetenz. Einleitende Überlegungen im Rekurs auf Bourdieus Habitus-Konzept, in: Pfadenhauer, Michaela/Thomas Scheffer (Hg.), Profession, Habitus und Wandel. Frankfurt/M., S. 7-19.

Pieper, Marianne (2003)
Regierung der Armen oder Regierung von Armut als Selbstsorge, in: Dies., Encarnación Gutiérrez Rodríguez (Hg.), Gouvernementalität. Ein sozialwissenschaftliches Konzept im Anschluss an Foucault. Frankfurt/M., New York, S. 136-160.

Plinke, Wulff (2007)
Theoria cum Praxi. Bemerkungen zur Entwicklung der Business School seit hundert Jahren, in: Joachim Büschken (Hg.), Innovationen für das Industriegütermarketing. Festschrift für Professor Dr. Dr. h.c. Klaus Backhaus zum 60. Geburtstag. Stuttgart, S. 21-40.

Prinz, Sophia, Hilmar Schäfer (2008)
Kunst und Architektur. Materielle Strukturen der Sichtbarkeit, in: Stephan Moebius, Andreas Reckwitz (Hg.), Poststrukturalistische Sozialwissenschaften. Frankfurt/M., S. 382-400.

Pühl, Katharina (2003)
Der Bericht der Hartz-Kommission und die ›Unternehmerin ihrer selbst‹: Geschlechterverhältnisse, Gouvernementalität und Neoliberalismus, in: Marianne Pieper, Encarnación Gutiérrez Rodríguez (Hg.), Gouvernementalität. Ein sozialwissenschaftliches Konzept im Anschluss an Foucault. Frankfurt/M., New York, S. 111-135.

Rappaport, Alfred (1986)
Creating Shareholder Value. The New Standard for Business Performance. New York.

Rau, Alexandra (2010)
Psychopolitik. Macht und Subjekt in subjektivierten Arbeitsverhältnissen, in: Alex Demirović, Christina Kaindl, Alfred Krovoza (Hg.), Das *Subjekt* — zwischen Krise und Emanzipation. Münster, S. 27-48.

Reckwitz, Andreas (2006)
Das hybride Subjekt. Eine Theorie der Subjektkulturen von der bürgerlichen Moderne zur Postmoderne. Weilerswist.

Reckwitz, Andreas (2008)
Subjekt/Identität. Die Produktion und Subversion des Individuums, in: Stephan Moebius, Ders. (Hg.), Poststrukturalistische Sozialwissenschaften. Frankfurt/M., S. 75-92.

Rittershofer, Werner (2009)
Wirtschafts-Lexikon. Über 4000 Stichwörter für Studium und Praxis. München (4. bearb. Aufl.).

Rösemann, Cornelia (2004)
Die Business School der Zukunft in Deutschland. Visionen zu Aufgaben und Organisationsstrukturen aus Sicht der Unternehmen (Schriftenreihe des ESB Research Institute, Bd. 28). Stuttgart.

Schmidt, Andreas (2011)
Potenzialanalysen - Zur Einführung (http://www.praxisundkultur.uni-kiel.de/doc/Potenziale.pdf).

Schmidt, F. (o. J.) [ca. 1929]
Zur Einführung, in: Ders. (Hg.): Die Handelshochschule. Lehrbuch der Wirtschaftswissenschaften. Berlin, Wien, S. 9-29.

Schütz, Alfred, Thomas Luckmann (1984)
Strukturen der Lebenswelt. Bd. 2. Frankfurt/M.

Stäheli, Urs (2008)
Ökonomie. Die Grenzen des Ökonomischen, in: Stephan Moebius, Andreas Reckwitz (Hg.), Poststrukturalistische Sozialwissenschaften. Frankfurt/M., S. 295-311.

Vogl, Joseph (2010)
Das Gespenst des Kapitals. Zürich.

Weber, Max (1972)
Wirtschaft und Gesellschaft. Grundriß der verstehenden Soziologie. Studienausgabe, Tübingen (5. rev. Aufl.).

Wimmer, Andreas (1996)
Kultur. Zur Reformulierung eines sozialanthropologischen Grundbegriffs, in: Kölner Zeitschrift für Soziologie und Sozialpsychologie 48, S. 401-425.

Zunkel, Friedrich (1992)
Das Verhältnis des Unternehmertums zum Bildungsbürgertum zwischen Vormärz und Erstem Weltkrieg, in: M. Rainer Lepsius (Hg.), Bildungsbürgertum im 19. Jahrhundert, Teil III: Lebensführung und ständische Vergesellschaftung. (Industrielle Welt, Bd. 47). Stuttgart, S. 82-101.

8 Internetquellen

http://www.wharton.upenn.edu/huntsmanhall/timeline/index.html (Stand 13.03.2012)

Danksagung

Ich danke den Verantwortlichen der BUSINESS SCHOOL für die Erlaubnis zur Feldforschung. Den Mitarbeiterinnen der BUSINESS SCHOOL danke ich für die Organisation im Vorfeld und vor Ort. Bei den Dozentinnen und Dozenten der BUSINESS SCHOOL möchte ich mich ausdrücklich dafür bedanken, dass ich in ihren Unterrichtsstunden teilnehmend beobachten durfte.

Mein herzlicher Dank gilt meinen Gesprächspartnerinnen und Gesprächspartnern, welche mir ein großes Vertrauen entgegengebracht haben. Ich wünsche ihnen beim Verwirklichen ihrer Lebensziele viel Glück.

Meinem akademischen Lehrer Andreas Schmidt danke ich für die Unterstützung bei der Entstehung dieses Buchs. Für das Lektorat danke ich Christoph Schulz.

Meinen Eltern danke ich für die liebevolle Unterstützung.